わけあってこの名前
いきもの名前語源辞典

いずもり・よう 著
アマナ/ネイチャー&サイエンス 編

赤トマト蛙

脊黄青鸚哥

虫糞葉虫

隠隈之魚

大王具足虫

ギザ峰蛇頸亀

嘴広鸛

出目似鱇

沖の手蔓藻蔓

竹書房

もくじ

はじめに

生きもののなまえ はじめて物語　　　4

1 生きざまが由来になっているなまえ　　10

カダヤシ 12 ／アカイエカ 13 ／タラバガニ 14 ／オオタルマワシ 16 ／シズクアリノタカラ 18 ／サンコウチョウ 20 ／ヘビクイワシ 21 ／シャカイハタオリ 22 ／キバラアフリカツリスガラ 23 ／アメフラシ 24 ／ミルクイガイ 26 ／コモチカナヘビ 27 ／ヒメヒミズ 28 ／スナドリネコ 29 ／

2 ちょっと気の毒な由来のなまえ　　30

ハダカデバネズミ 32 ／デブスナネズミ 33 ／ヒバカリ 34 ／アホウドリ 36 ／オオトリノフンダマシ 38 ／ムシクソハムシ 39 ／ツノゴミムシダマシ 40 ／ナナフシモドキ 42 ／クビキリギス 44 ／ウッカリカサゴ 46 ／ホタルイカモドキ 47 ／

コラム　おなまえ物語① 学名あれこれ　　48

3 どっちの生きものなの!? ななまえ　　50

イロカエルアンコウ 52 ／ミナミホタテウミヘビ 53 ／スベスベケブカガニ 54 ／スズメバチネジレバネ 56 ／ヒメオオクワガタ 57 ／ニセクロホシテントウゴミムシダマシ 58 ／ネコハエトリ 60 ／クロシロエリマキキツネザル 62 ／ピグミーネズミキツネザル 63 ／

4 長い！ 区切りがわからない！読みづらいなまえ　　64

エサキモンキツノカメムシ 66 ／サトクダマキモドキ 68 ／アカユミハシオニキバシリ 69 ／アオバアリガタハネカクシ 70 ／ノブオオオアオコメツキ 71 ／コヤマトヒゲブトアリヅカムシ 72 ／トウキョウトガリネズミ 73 ／ヒメマルカツオブシムシ 74 ／ハスノハカシパン 76 ／ニセ

クラカオスズメダイ 77 ／アカガシラソリハシセイタカシギ 78 ／コシラヒゲカンムリアマツバメ 79 ／アオアズマヤドリ 80 ／ギザミネヘビクビガメ 82 ／マガイナンベイウシガエル 83 ／

コラム　おなまえ物語② 困ったなまえ　84

5 見た目そのまま、名は体を表すなまえ　86

キイロショウジョウバエ 88 ／ニジュウヤホシテントウ 90 ／キンクロハジロ 92 ／コミミズク 93 ／ハイイロタチヨタカ 94 ／サメハダホウズキイカ 96 ／ナメハダタマオヤモリ 97 ／アカトマトガエル 98 ／パンケーキリクガメ 99 ／キクガシラコウモリ 100 ／ツキノワグマ 102 ／クロツラヘラサギ 103 ／ケナガワラルー 104 ／アカシュモクザメ 106 ／テンシノツバサガイ 107 ／

6 意外と知らない？ 人気者のなまえ　108

カクレクマノミ 110 ／ハンドウイルカ 112 ／シロナガスクジラ 114 ／ヒョウモントカゲモドキ 116 ／ダイオウグソクムシ 117 ／セキセイインコ 118 ／ハダカカメガイ 119 ／ハシビロコウ 120 ／シマエナガ 122 ／ニシツノメドリ 123 ／ワオキツネザル 124 ／コツメカワウソ 125 ／ゴマフアザラシ 126 ／ミナミケバナウォンバット 128 ／

コラム　おなまえ物語③ 和名あれこれ　130

7 いったい何語!? ヘンな語感のなまえ　132

デメニギス 134 ／オオシロピンノ 136 ／ジュウジメドクアマガエル 137 ／トラフカラッパ 138 ／マルエラワレカラ 139 ／オキノテヅルモヅル 140 ／コデーニッツサラグモ 142 ／ビロウドツリアブ 143 ／アリスアブ 144 ／カオグロガビチョウ 146 ／マミチャジナイ 147 ／ケアシノスリ 148 ／ライラックニシブッポウソウ 150 ／パラワンコクジャク 151 ／シュレーゲルアオガエル 152 ／

コラム　おなまえ物語④ 植物のなまえ　154

さくいん　156

この本は、生きもののなまえ（和名）に着目して、その意味や語源を解説しています。意味や語源には諸説あり、そのうちの一説を取り上げています。

生きもののなまえ はじめて物語

地球上に最初の生命体が誕生したのは、約40億年前と言われています。そのときから現代まで膨大な数の生きものが、あるものは絶滅し、あるものはすがたを変えながら地球に存在してきました。

「言葉」という便利な情報伝達方法を生み出した人類は、必要に応じて特定の生きものを指し示すために、なまえをつけてよぶようになりました。やがて、生きものが共通の特徴をもつ集団ごとに分けられることに気づき、その分類が進むと、その生きものがどの集団に属するものかをわかりやすく示した、さらに共有性の高いなまえが与えられるようになったのです。

生物学はアリストテレスから始まった

古代ギリシャの哲学者アリストテレスは、生きものを学問として確立した最初の人物としても知られています。アリストテレスは、生きものを動物と植物に分けるなど、初めて生きものの分類という概念を構築しました。もちろん、現在の分類学とはだいぶ異なっていますが、その基本は現代に受け継がれています。

©アマナイメージズ

リンネの登場

生きものの分類を確立したのは、18世紀に登場したスウェーデンの博物学者リンネでした。リンネは、階層を立てて生きものの分類を行いました。さらに、1つの生きものに共通した1つのなまえである「学名」の表記法を構築しました。現在使われている界、門、綱、目、科、属、種という階層と学名は、リンネの分類体系の考え方を受け継いだものです。

©アマナイメージズ

日本の生物学は海外で発展

リンネの分類体系が整理されたころ、日本は江戸時代。長く鎖国を続けていた日本では、生物学の発達がおくれていました。数少ない通商国オランダの商館付きの医師で博物学者でもあったドイツ人のシーボルトは、来日すると国内の動植物を採集して調査するだけでなく、本国に送りました。日本の生きものの分類と学名の記載の多くは、海外の研究者によって行われたのです。

©アマナイメージズ

生きものの分類となまえ① 学名

同じ生きもののなまえが国の言語や地域によってちがっていては、混乱が生じてしまいます。そこで、それぞれの生きものに対して、世界中に共通するただ１つのなまえが与えられています。それが学名です。
地球上に存在する生きものと、かつて存在した生きものは、７つの階層に分類されています。学名には、なまえを見ただけで他の生きものとの関係性がわかるというメリットもあります。

学名のルール

学名を、好き勝手につけることはできません。たとえば以下のような明確なルールが、いくつも決められています。

基準を統一
現在、学名は国際的な統一基準である国際動物命名規約、国際植物命名規約、国際細菌命名規約などによって、細かく規定されています。

表記はラテン語
学名は、その生きものに関するラテン語かラテン語化された言葉で書かれます。現在、ラテン語は実用語としては使用されていないため、今後も言葉が変化することがないこと、公平であることという理由で採用されたと言われています。
ただし、読み方までは規定されていないので、国によってばらつきがあります。

分類と学名

生きものを分類する階級は、大きなくくりから細かいくくりへと分かれていきます。生きものの基本的な単位として用いられているのは「種」で、種を表す世界共通のなまえが学名です。学名は、属名と種小名の2つの言葉を組み合わせる「二名法」が基本です。

分類階級の例(ヒト)

- 動物界 Animalia
- 脊椎動物門 Vertebrata
- 哺乳綱 Mammalia
- サル目 Primates
- ヒト科 Hominidae
- ヒト属 Homo
- ヒト Homo sapiens

＊生きものによって、亜目、上科、亜種など、さらに細かく分類されるものもあります。また分類については、研究が進むにしたがって今後、新しく変わる可能性があります。

生きものの分類となまえ② 和名

生きものの世界共通のなまえはラテン語の学名ですが、ふつうはむずかしい学名よりも、聞き慣れた国の言語でのなまえが使われます。「和名」は、日本で使われている生きもののよび名です。誤解されがちですが、学名の和訳ではありません。

しかし、国内でもよび名がちがうものもいます。たとえば、メダカには約5000もの地方名があります。そこで、日本全国共通のなまえとして用いられているのが「標準和名」です。

標準和名と分類の関係の例

エサキモンキツノカメムシ *Sastragala esakii*

昆虫(昆虫綱)
カメムシ(カメムシ目)
ツノカメムシ(ツノカメムシ科)
モンキツノカメムシ(Sastragala属)
エサキモンキツノカメムシ

標準和名のルール

標準和名は、カタカナで表記されます。学名と同様に、その生きものの特徴を表したよび名が採用されますが、各学会で決められます。日本にもともと生息しない生きものの場合は、ふつう学名や英語名がそのまま使われ、近頃では和名をつけられることも多いようです。

また、生物学的には用いられませんが、多くの和名には漢字があてはめられています。漢字表記にすると、和名が古くからその生きものの特徴を的確に表現する言葉でつけられたことがよくわかります。

なまえの意味を分解した見方の例

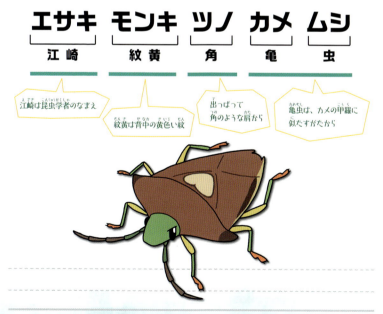

エサキ	モンキ	ツノ	カメ	ムシ
江崎	紋黄	角	亀	虫

江崎は昆虫学者のなまえ

紋黄は背中の黄色い紋

出っぱって角のような肩から

亀虫は、カメの甲羅に似たすがたから

1 生きざまが由来になっているなまえ

食べているものや、すんでいるところ、行動や鳴き声など、生きものそれぞれの「生きざま」が、そのまま由来になっているなまえ。

生きざま 魚類

北米原産の淡水魚

オス / メス

由来：カの幼虫ボウフラをよく食べることから、カを絶やす→蚊絶やし→カダヤシとなった

特定外来生物

卵ではなく稚魚を直接産む

カダヤシ
蚊　絶　や　し

- 雑食性でボウフラ（カの幼虫）をよく食べる
- カの駆除のため世界中に移入
- 日本でも定着。戦前に初移入し、1970年ころから急速に拡大

メダカを追い出すことも

メダカはもともと日本にいる在来種。でも地域によってそれぞれちがう

ダツ目メダカ科

キタノメダカ（オス／メス）— 北
ミナミメダカ（オス／メス）— 南

↑ 目高：目が大きく、上の方にあるから

キタノメダカ／いない／それ以外はミナミメダカ

飼っている生物を自然の中に放してはいけません

DATA　カダヤシ目カダヤシ科
カダヤシ　*Gambusia affinis*

- **大きさ**　体長オス3cm、メス5cm
- **生息地**　北アメリカ原産。日本では浅い池や沼など
- **食べ物**　ボウフラ、プランクトン、小型の水生昆虫など

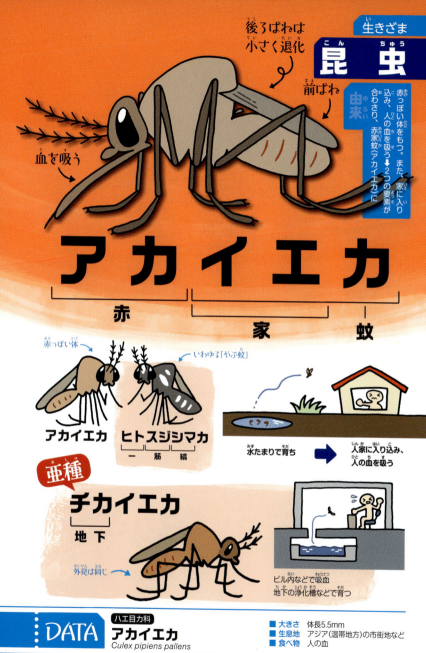

生きざま
甲殻類

タラの漁場でとれるため、鱈場蟹（タラバガニ）に。実際は、カニではなく、ヤドカリのなかま

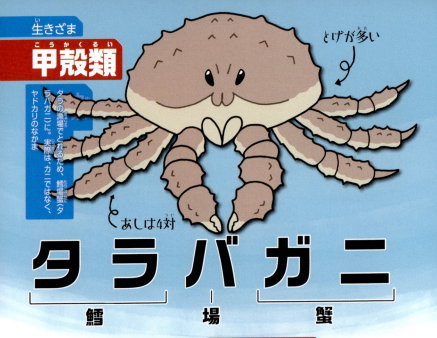

とげが多い

あしは4対

タラバガニ
鱈　場　蟹

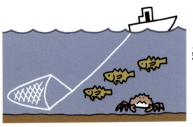

タラの漁場でいっしょにとれるから

実際はカニではない　ヤドカリのなかま

4対

タラバガニ　ハナサキガニ　など

こちらはカニのなかま

5対

ズワイガニ　ガザミ（ワタリガニ）　など

十脚目タラバガニ科
タラバガニ
Paralithodes camtschaticus

- 大きさ　甲幅25cm
- 生息地　北太平洋・北極海などの海底
- 食べ物　貝やゴカイなどの小動物

生きざま

くらしの場にちなんだなまえ

昆虫 バッタ目キリギリス科
ハタケノウマオイ
畑 の 馬追い
畑や草原にすむ　鳴き声が、馬子がウマを追う声に似ている
スイーッチョン！
ほーい

魚 スズキ目ハゼ科
イドミミズハゼ
井戸　蚯蚓　鯊
小さい目
日本各地に点在
井戸から見つかった

ミミズハゼ
細長いハゼ類

昆虫 バッタ目カマドウマ科
カマドウマ
竈　馬
よくはねることからウマに見立てた
はねはない
薄暗く湿ったところが好き
かまどのまわりでよく見られた

昆虫 コウチュウ目センチコガネ科
オオセンチコガネ
大　雪隠　黄金虫
（雪隠がなまって「センチ」に）
きれいに輝く
他の動物の食べることから、雪隠(＝トイレ)のコガネムシ
フンを

コガネムシ

生きざま
甲殻類

由来
樽のような見た目の巣を利用し、時々、巣を回す仕草をする➡大樽回し(オオタルマワシ)となった

巣の中で産卵・子育てをする

海中をただよう

オオタルマワシ
大 樽 回し

タルマワシのなかま

アシナガタルマワシ
足長

タンソクタルマワシ
短足

海中で浮遊生活

サルパという動物の中身を食べて殻を巣として使う

トガリサルパ

オオサルパ

それっ
くるくると回しながら浮遊するすがたが樽を回しているように見える

 DATA

端脚目タルマワシ科
オオタルマワシ
Phronima sedentaria

- **大きさ** 体長オス1.5cm、メス4.2cm
- **生息地** 世界中の熱帯〜温帯の海
- **食べ物** サルパをはじめとする動物プランクトンなど

他の生きものを利用する生きもの

生きざま

十脚目カイカムリ科 **甲殻類**

カイカムリ
貝　　被り

貝殻などをかぶってくらすカニ。ただし、貝よりもカイメンをおもにかぶる

→ イソギンチャク
→ 貝殻
→ ザラザラ 粗い

貝殻を常にすみかとしている。自分の貝殻にイソギンチャクをつけ、宿を引っ越すときも自分で移す

十脚目ヤドカリ科 **甲殻類**

ソメンヤドカリ
粗面　　宿借り

スズキ目エボシダイ科 **魚**

ハナビラウオ
花弁　　魚

幼魚のひれが長く、花びらのように見える

幼魚

成魚は海底近くにすむ

子どものころはクラゲにくっついて泳ぎ身を守る

生きざま
昆虫

由来
しずくのようなかたち。また、アリにとって不可欠な存在→2つの性質から、雫蟻の宝(シズクアリノタカラ)に

- お尻から甘い汁(甘露)を出す
- 植物の根から汁を吸う
- 地中でくらす

シズクアリノタカラ
雫 ─ 蟻 の 宝

- かたちが水滴(しずく)に似ている
- 丸型 アリノタカラ ミツバアリと共生 三つ歯

特定のアリと互いに不可欠な関係
- 巣穴でしか生きられない
- 甘露しか食べない

イツツバアリ 五つ歯蟻 大あごの歯 5つ

絶対的共生関係

女王アリ
1匹のアリノタカラをくわえて新しい巣をつくる → それぞれ子どもを産んでともに増えていく

DATA カメムシ目コナカイガラムシ科
シズクアリノタカラ
Eumyrmococcus nipponensis

- 大きさ　体長2〜10mm
- 生息地　本州・四国・南西諸島のアリの巣内

生きざま

一心同体ななまえ

甲殻類　十脚目オウギガニ科
キンチャクガニ
巾着　蟹

両はさみで常にイソギンチャクをつかんでいる

イソギンチャクは毒のとげをもつので身を守る武器になる

イソギンチャク目オヨギイソギンチャク科
カニハサミイソギンチャク
蟹　螯　磯巾着

いっしょにいるとカニの食べ残しをもらえるなどのメリットがあるらしい

このイソギンチャクはキンチャクガニのはさみ以外で見つかっていない

カイメンのなかま
リッサキノサ目カイロウドウケツ科
カイロウドウケツ
皆老　同穴
ともに老いて　同じ墓に入る

きずなのかたい夫婦を指す故事成語

理由は

カイロウドウケツの中につがいですむドウケツエビがいるから。一生外へは出ないという。安全で、食べ物が常に入ってくる。カイロウドウケツにとってのメリットはない

十脚目ドウケツエビ科
ドウケツエビ
同穴　海老

ガラス質の美しい骨格。結納の縁起物になる

生きざま 鳥類

由来 さえずりが「月日星(ツキ・ヒ・ホシ)」ときこえる。これらを「3つの光」とし、三光鳥(サンコウチョウ)に

夏にくる渡り鳥
オス
メスは尾羽が短い

サンコウチョウ
三 光 鳥

さえずりが
ツキ・ヒ・ホシ 月日星 ホイホイホイ

ときこえるので、3つの光で三光

数字が入るなまえの鳥

スズメ目ヤイロチョウ科
ヤイロチョウ
八 色 鳥
色鮮やかなことから

キジ目シチメンチョウ科
シチメンチョウ
七 面 鳥
むき出しの皮膚の色がさまざまに変わることから

スズメ目カササギヒタキ科
サンコウチョウ
Terpsiphone atrocaudata

- 大きさ　全長オス45cm、メス19cm
- 生息地　日本や台湾などの平地や低山の林
- 食べ物　昆虫

生きざま 鳥類

由来
コロニーをつくる、社会性を感じさせる鳥。また、草などを編み、巣をつくる➡社会機織(シャカイハタオリに)

マンションみたいな大きい巣をつくる

オス

シャカイハタオリ
社会　　　機織

コロニー

巣

集団で木の上に巨大なコロニーをつくる

このなかまは、草などを織物のように編んで巣をつくることからハタオリドリとよばれる

ふつうは小さな球形の巣を単独でつくる

スズメ目ハタオリドリ科
メンガタハタオリ
面　　形
顔が目立つから

DATA

スズメ目ハタオリドリ科
シャカイハタオリ
Philetairus socius

- 大きさ　全長14cm
- 生息地　アフリカの草原
- 食べ物　昆虫、種子

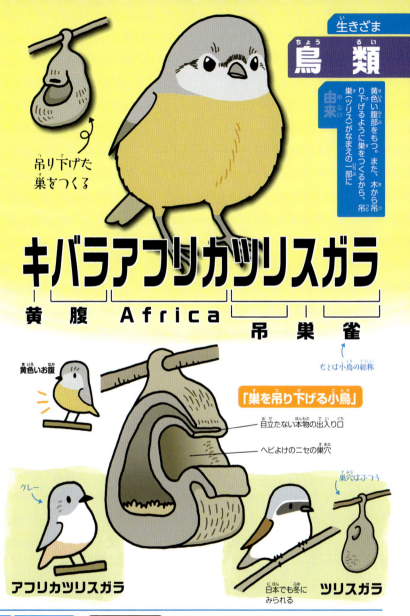

生きざま
軟体動物

おどろくと、粘液を出す。これが水中で雨雲のように立ち込める➡雨降らし(アメフラシ)となった

- 2本の突起
- 目もある
- 退化した貝殻が奥の方にある
- ひだ
- こうみえて貝のなかま

アメフラシ
雨　　降らし

おどろいたときに粘液を出す

水中に広がった粘液を雨雲に見立てたなまえ

アメフラシのなまえ

クロヘリアメフラシ
黒　縁　　アメフラシ目アメフラシ科

体のふち(へり)に黒い帯模様があるから

ジャノメアメフラシ
蛇の目　　アメフラシ目アメフラシ科

ヘビの目のような模様(蛇の目模様)があるから

アメフラシ目アメフラシ科
アメフラシ
Aplysia kurodai

- 大きさ　全長40cm
- 生息地　日本、韓国、中国の岩礁など
- 食べ物　海藻

生きざま

卵のなまえいろいろ

アメフラシの卵

ウミゾウメン
海 素麺

卵がひも状に集まった「卵塊」

そうめんに似ているから
でも、黄色い

なまえのついた卵

浅い海底にある
砂でできた茶碗のように見えるから

スナヂャワン
砂 茶碗

砂と卵を粘液で練ったもの

産んだのは 巻貝
吸腔目タマガイ科
ツメタガイ
津免多貝
由来は不明

アサリなどに穴を開けて食べてしまう

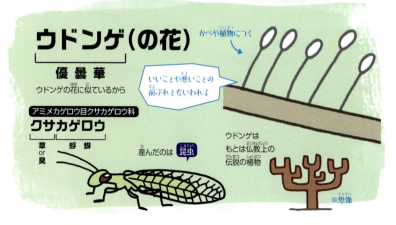

ウドンゲ(の花)
優曇華
ウドンゲの花に似ているから

かべや植物につく

いいことや悪いことの前ぶれともいわれる

アミメカゲロウ目クサカゲロウ科
クサカゲロウ
草or臭 蜉蝣

産んだのは 昆虫

ウドンゲはもとは仏教上の伝説の植物

※想像

生きざま
軟体動物

由来 水管に海藻がつくことがあり、海藻の海松を食べているように見える ミルクイガイとなった

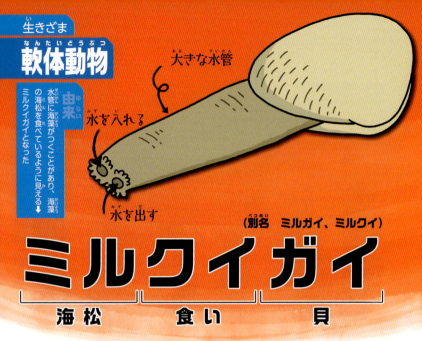

大きな水管
水を入れる
水を出す

（別名 ミルガイ、ミルクイ）

ミルクイガイ
海松　食い　貝

ミル
海藻の一種

ミルを食べているように見えることから
水管に海藻がつくことがある

誤解によるなまえ

鳥　ヒリリリリ

スズメ目サンショウクイ科
声が辛いものを食べたようにきこえるから

サンショウクイ
山椒　食い

実際は昆虫食

DATA
マルスダレガイ目バカガイ科
ミルクイガイ
Tresus keenae

- **大きさ** 殻長14cm
- **生息地** 北海道〜九州の海底（泥底）
- **食べ物** 植物プランクトンなど

生きざま
は虫類

日本では北海道北部にのみ生息

由来
子を産むことを指す「子持ち」と金属のような体色を表す「金」が合わさり、コモチカナヘビに

コモチカナヘビ
子　　持ち　　金　　蛇

卵をそのまま産むのではなく、体内でかえして子どもを産む

有鱗目カナヘビ科
ニホンカナヘビ
マットな体色
ヘビではなくトカゲのなかま

コモチ＝子を産む

コモチヒキガエル
コモチサヨリ
鱶

コモリ＝卵を守る

卵
コモリガエル
蛙
卵
コモリグモ
子　守　蜘　蛛

 DATA　有鱗目カナヘビ科
コモチカナヘビ
Zootoca vivipara

- 大きさ　全長14〜18cm
- 生息地　北ヨーロッパ〜シベリア、北海道の草原や湿地など
- 食べ物　昆虫など

27

ほ乳類 生きざま

モグラのなかま
石や落ち葉の下にすむ

由来: 昼間は地中におり太陽を見ないため「日見ず」。さらに、小さいことを表す「姫」がついた

ヒメヒミズ
姫 / 日見ず（日不見）

小さい生きものにつけられる

昼間は地中で過ごし
夜になると地上に出る。太陽を見ないことから「日見ず」

レギュラーサイズ ヒミズ

まぎらわしいなまえのモグラ
トガリネズミ目モグラ科
ミズラモグラ
角髪 / 土竜

角髪とは日本古来の髪型
これに似ていることから

DATA
トガリネズミ目モグラ科
ヒメヒミズ
Dymecodon pilirostris

■ 大きさ　体長7.1〜8.2cm、尾長3.4〜4.3cm
■ 生息地　本州・四国・九州の草地や林
■ 食べ物　昆虫、ミミズ、ムカデなど

生きざま
ほ乳類

魚を食べるネコ科の動物は珍しい

地上でも小動物を狩る

由来：魚をとって食べる。古い言葉で魚や貝をとることを「漁る」というのでスナドリネコとなった

スナドリネコ
　漁り　　　猫

古い言葉で魚や貝をとることを「漁る」という

泳ぎがうまく、魚をおもにとって食べる

ちょっと水かきがある

指

つめが引っ込まない

同属のネコ　ネコ目ネコ科

鉄サビのような赤茶色

サビイロネコ
　錆色　　猫

DATA

ネコ目ネコ科
スナドリネコ
Prionailurus viverrinus

- 大きさ：体長70〜86cm、尾長25〜33cm
- 生息地：インドから東南アジアの沼地・水辺近くの森林など
- 食べ物：魚など

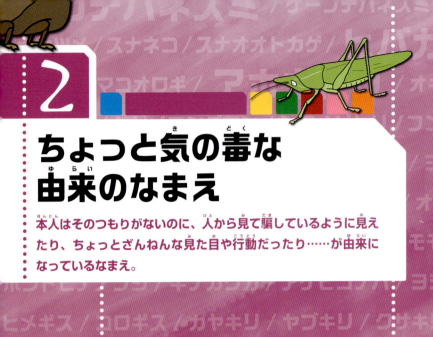

2

ちょっと気の毒な由来のなまえ

本人はそのつもりがないのに、人から見て騙しているように見えたり、ちょっとざんねんな見た目や行動だったり……が由来になっているなまえ。

気の毒 **ほ乳類**

由来 ほとんど毛がなく、はだかを思わせる。また、口から長い歯が出ている→裸出歯鼠(ハダカデバネズミ)となった

ワーカー
王
繁殖するのは王と女王のみ
女王
地中に巣穴を掘って、社会をつくってくらす

ハダカデバネズミ
裸　　出歯　　鼠

ほとんど毛がない

この出っ歯で土を掘ったり餌のイモをかじったりする

同じ科　モグラっぽい
ケープデバネズミ
cape(アフリカの地名)

弱そうに見えるが、がんにならない、無酸素でも生きられる、長寿など、超強い

 DATA
ネズミ目デバネズミ科
ハダカデバネズミ
Heterocephalus glaber

- 大きさ　体長8〜9.2cm、尾長2.8〜4.4cm
- 生息地　アフリカの乾燥地帯
- 食べ物　草の根、地下植物

気の毒 **ほ乳類**

デブスナネズミ

由来1
ふっくらとした体をもつ。また、砂漠に生息している。2つの要素が合わさり、デブスナネズミとなった

→ ふっくらした**体型**

砂 / 鼠

太りやすい

スナネズミ
砂漠にすむ
ペットや実験動物として有名

「スナ」ななまえ

チベットスナギツネ （地名）／狐

スナヤツメ 八目
エラ穴を合わせて目が8対あるように見える
ヤツメウナギのこと

スナネコ 猫

スナオオトカゲ 大／蜥蜴

DATA ネズミ目ネズミ科
デブスナネズミ
Psammomys obesus

- 大きさ　体長13〜19cm、尾長11〜15cm
- 生息地　アフリカ〜中東の砂漠
- 食べ物　植物の茎や葉

気の毒
は虫類

由来 かまれると、その日のうち(日かぎり)に死ぬという迷信があり、日計り(ヒバカリ)となった

泳ぎがうまく、小魚も食べる

カエルや魚、ミミズを食べる

ヒバカリ
日 — 計り

かまれると → その「日ばかり」で死ぬという迷信が由来 → 実際は 無毒でおとなしい

毒がある顔に見える？

こちらは本当にこわい毒ヘビ

有鱗目クサリヘビ科
ヒャッポダ
百歩蛇
中国、台湾、ベトナムに分布
かまれてから100歩あるくうちに死ぬ
※あくまで言い伝え

猛毒！

DATA 有鱗目ナミヘビ科
ヒバカリ
Hebius vibakari

- **大きさ** 全長40〜60cm
- **生息地** 本州・四国・九州の水辺や森林
- **食べ物** カエル、魚、ミミズなど

気の毒

こわいなまえいろいろ

フグのなかま　魚　フグ目フグ科
キタマクラ
北　　枕

北は死者が向けられる方向。皮膚などに毒をもち、食べると命が危険なことから

ほ乳類　コウモリ目チスイコウモリ科
ナミチスイコウモリ
並　血吸い　蝙蝠

鳥やほ乳類の血を吸うが、人をおそうことはまれ
血を吸えなかったなかまに、自分が吸った血を分け与える習性がある

巻貝　新腹足目アッキガイ科
アッキガイ
悪鬼　貝

長いとげが多く生えた、まがまがしいすがたから

昆虫　バッタ目コオロギ科
エンマコオロギ
閻魔　蟋蟀

顔が地獄にいるといわれる
閻魔大王に似ているから

気の毒 鳥類

由来
冬に海上の島で繁殖
地上では動きがおそく、簡単に捕まってしまうため、間抜けだと思われた
→阿呆鳥（アホウドリ）に

夏の間はずっと海の上

地上での動きはおそい

アホウドリ
阿呆　鳥

簡単に捕まえられたのでアホウ（ひどい）

鳥島1949年
乱獲と火山の爆発で絶滅が宣言される

1951年
鳥島で再発見

他の島でも

保護活動の末、現在は5000羽以上に

ミズナギドリ目アホウドリ科
アホウドリ
Phoebastria albatrus

- **大きさ**　全長84〜94cm
- **生息地**　北太平洋（伊豆諸島の鳥島などで繁殖）
- **食べ物**　イカや魚、エビ

気の毒 鳥類

アホウドリ改名の動き

ひどいなまえなので、長谷川博氏（アホウドリ研究者）により提案されている新和名

沖を悠々と飛ぶ すがたから

オキノタユウ
沖 の 太夫

太夫＝偉い人、立派な人
長崎で古くからよばれていたなまえ

いいなまえ！

漢語では
信天翁

運を天にまかせて、餌の魚が降ってくるのを待つ老人

のんびりとした雰囲気から？

ストン

ちょっとマヌケ…？

英語では
Albatross（アルバトロス）

ポルトガル語やスペイン語由来のAlcatraz（アルカトラズ）（カツオドリやペリカンなどの大型の海鳥を指す）が変化したもの。

カツオドリ

カッコイイ！

気の毒 昆虫

由来 見た目が、虫のフンのよう。また、葉っぱを食べる「葉虫」のなかま→虫糞葉虫（ムシクソハムシ）に

ムシクソハムシ

虫 — 糞 — 葉 虫

イモムシなどのフンにそっくり

どの生き物も食べたくないものに擬態

葉っぱを食べる甲虫のなかま

ハムシ
食べる植物のなまえがついているものも多い

卵はもっとリアル

フン
卵
産んだ卵に自分のフンをぬりつけてコーティング

ふ化

自分のフンで増築
フンごと卵の殻をかぶって過ごす

同じことをするハムシたち

4つの斑

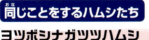
ヨツボシナガツツハムシ
四つ星長筒葉虫
コウチュウ目ハムシ科
4つの斑（星）がある、体が筒状のハムシだから

コウチュウ目ハムシ科
バラルリツツハムシ
薔薇瑠璃
バラ類などを食べるから

 コウチュウ目ハムシ科
ムシクソハムシ
Chlamisus spilotus

■ 大きさ　体長3mm前後
■ 生息地　本州・四国・九州の林や草原など
■ 食べ物　植物の葉

気の毒 昆虫

由来 朽ち木などを食べるゴミムシダマシ類の一種。3本の角をもつから「三角（ミツノ）」がついた→ミツノゴミムシダマシに

ずんぐりしている

ミツノゴミムシダマシ

三 / 角 / 塵虫 / 騙し

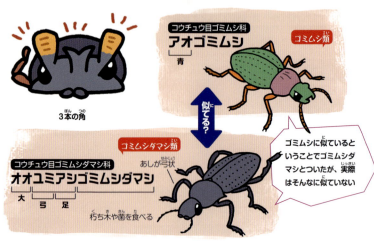

3本の角

コウチュウ目ゴミムシ科
アオゴミムシ 青
ゴミムシ類

似てる？

ゴミムシダマシ類
コウチュウ目ゴミムシダマシ科
オオユミアシゴミムシダマシ 大/弓/足
あしが弓状
朽ち木や菌を食べる

ゴミムシに似ているということでゴミムシダマシとついたが、実際はそんなに似ていない

DATA
コウチュウ目ゴミムシダマシ科
ミツノゴミムシダマシ
Toxicum tricornutum

- 大きさ　体長1.5cm程度
- 生息地　日本、朝鮮半島の倒木や朽ち木のまわり
- 食べ物　朽ち木やキノコ

〇〇ダマシななまえ

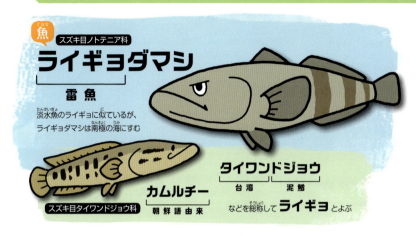

魚
スズキ目ノトテニア科
ライギョダマシ
雷魚
淡水魚のライギョに似ているが、ライギョダマシは南極の海にすむ

カムルチー
スズキ目タイワンドジョウ科
朝鮮語由来

タイワンドジョウ
台湾　泥鰌
などを総称して **ライギョ** とよぶ

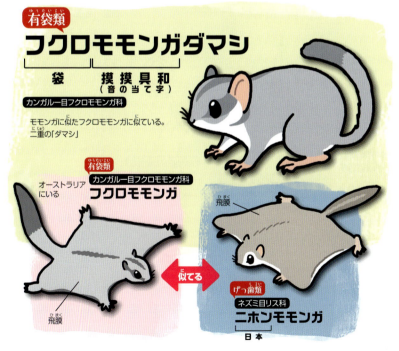

有袋類
フクロモモンガダマシ
袋　摸摸具和
　　（音の当て字）
カンガルー目フクロモモンガ科

モモンガに似たフクロモモンガに似ている。
二重の「ダマシ」

有袋類
カンガルー目フクロモモンガ科
フクロモモンガ
オーストラリアにいる

飛膜

似てる

飛膜

げっ歯類
ネズミ目リス科
ニホンモモンガ
日本

気の毒昆虫

由来 見た目が木の枝に似ているため、節の多い枝「七節」にたとえた→ナナフシモドキとなった

とことん木の枝に似る
飛べない
触角は短い

ナナフシモドキ
七 / 節 / 擬き

七節=木の枝のこと 節の多い枝

本来の「七節」に似ているから ナナフシモドキ

単に「ナナフシ」という場合もナナフシモドキのことを指す

なかま

エダナナフシ (ナナフシ目ナナフシ科)
触角が長い
両方とも「枝」
枝

ニホントビナナフシ (ナナフシ目ナナフシ科)
日本 飛び
飛べる
はねが発達

ナナフシモドキ (ナナフシ目ナナフシ科)
Baculum irregulariterdentatum

- 大きさ 体長7〜10cm
- 生息地 本州・四国・九州などの雑木林
- 食べ物 植物の葉

42

気の毒

カムフラージュななまえ

樹皮にそっくり

昆虫 チョウ目コブガ科
キノカワガ
木の 皮 蛾

木の皮にそっくりなすがたから

昆虫 チョウ目ヤガ科
アケビコノハ
木通　木の葉

枯葉にそっくり

幼虫が食べる植物アケビ
幼虫は目玉模様が特徴的
後ろばねは黄色

鳥 ペリカン目サギ科
ヨシゴイ
葦　五位

水辺の植物、アシのこと
ゴイサギと同じサギのなかま

危険を察すると首を伸ばしてアシなどの草に化ける

アシにそっくり

ヒナもやる

両生類 カエル目コノハガエル科
ミツヅノコノハガエル
三　角　木の葉　蛙

3つの角
落ち葉にそっくり

上から見ると落ち葉そっくり

夜行性。
昼間は落ち葉にまぎれて動かない

気の毒 昆虫

頭の先がとがっている

由来: キリギリスは、キリギリスの略。かみついた状態で胴を引っぱると首が切れてしまうから、クビもなまえに含まれた

春〜夏に「ジー」と鳴く

クビキリギス
首　　切　　螽蟖

かむ力がとても強い

かみついたまま引っ張ると、首が切れてしまうことがある

キリ̶ギ̶リ̶スの略

つまり、首が切れやすいキリギリス。何だかフビン

赤色の個体が出ることがあり、「ピンクのバッタ」などと報道される。実際はバッタではなくキリギリス

バッタ目キリギリス科
クビキリギス
Euconocephalus thunbergi

- **大きさ** 体長3.5cm
- **生息地** 本州・四国・九州の里山や市街地
- **食べ物** イネ科植物、昆虫

キリギリスの略し方いろいろ

ギス系

バッタ目キリギリス科
ヒメギス
姫 螽斯
体が小さいからヒメ

バッタ目コロギス科
コロギス
蟋々 螽斯
コオロギとキリギリスの中間的な虫だから

キリ系

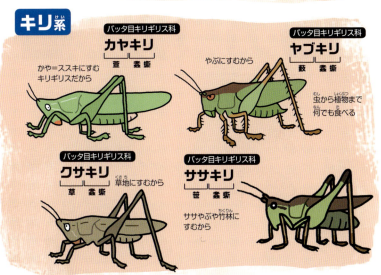

バッタ目キリギリス科
カヤキリ
萱 螽斯
かや＝ススキにすむキリギリスだから

バッタ目キリギリス科
ヤブキリ
薮 螽斯
やぶにすむから
虫から植物まで何でも食べる

バッタ目キリギリス科
クサキリ
草 螽斯
草地にすむから

バッタ目キリギリス科
ササキリ
笹 螽斯
ササやぶや竹林にすむから

ギリス系

はねは退化

バッタ目クロギリス科
ヤンバルクロギリス
山原 黒 螽斯
やんばるにすむから
やんばる＝沖縄本島北部の森林。八重山と屋久島にも近縁種がすむ

気の毒 魚類

由来 見た目がカサゴにそっくり。研究者が「同じ種類だろう」と、うっかり新種を見逃した→ウッカリカサゴに

白い斑にふちどりがある

卵ではなく子を産む胎生

ウッカリカサゴ
笠 子

カサゴ 2タイプ

どちらも同じカサゴだろう
と考えて 放っておいたら

えっ!?
外国の研究者が別種として記載(発表)
"うっかり見逃していた！"から

カサゴ　カサゴ目メバル科

白い斑にふちどりなし

頭が大きく、笠をかぶっているようだから

(別の説)表面が粗いので、瘡=ただれやかさぶたに見立てた

DATA　スズメ目メバル科
ウッカリカサゴ
Sebastiscus tertius

- 大きさ　体長40cm程度
- 生息地　日本沿岸・東シナ海の岩礁など
- 食べ物　甲殻類、イカ、魚

気の毒

軟体動物

由来: 一見、ホタルイカのようだが、発光器がついている部分がホタルイカと異なる➡ホタルイカモドキとなった

発光器は腹側にある

ホタルイカモドキ

螢　烏賊　擬き

光る昆虫ホタル

ホタルイカ　ホタルイカモドキ

昆虫のホタルのように光るイカ、に似ているイカで二重の「モドキ」。ちなみに、両種とも属しているのは ホタルイカモドキ科

なぜ？

理由: **ホタルイカモドキ属が最初に記載されたから**

ホタルイカモドキ属　　　　　　　　　　ホタルイカ属
早いもの勝ち！
こちらが科の代表（模式属）になった

 DATA
ツツイカ目ホタルイカモドキ科
ホタルイカモドキ
Enoploteuthis chunii

- 大きさ　外套長13cm前後
- 生息地　日本沿岸・北西太平洋の深海
- 食べ物　動物プランクトン

コラム

おなまえ物語① 学名あれこれ

世界共通のなまえである学名は、一見するとむずかしそうに見えます。しかし、響きがユニークなものや、思わぬ歴史を経て現在の学名になっているものなど、調べてみるとおもしろいものがあります。

全身バラバラの学名をつけられちゃったアノマロカリス

カンブリア紀に世界中の海に生息していたアノマロカリスは、化石がバラバラの状態で発見されました。まず触手の化石が見つかり、新種のエビと思われなまえがつきました。次に見つかった口とあごはクラゲ、胴体はナマコの新種だとして別々のなまえが与えられました。およそ100年後、アノマロカリスという、想像を絶する生きもののすがたが明らかになり、学名もようやく1つに統一されました。

超有名なのに、新種になったサザエ

マンガの主人公のなまえになるほど、日本ではおなじみの貝「サザエ」。ところが、学名を過去にさかのぼって調べたところ、実はこの学名はナンカイサザエのことであり、日本産のサザエとは別種であることが判明しました。他に該当する学名がないため、なんと250年間も名無しだったことになります。2017年に、ようやく新種として学名がつけられました。

「ゴリラ」を連呼するゴリラの学名

ニシローランドゴリラの学名は、「*Gorilla gorilla gorilla*」。学名は、属名プラス種小名で記載されますが、亜種名が加わることもあります。ニシローランドゴリラは、ニシゴリラ(*Gorilla gorilla*)の亜種なので、亜種名(*gorilla*)が加わり、このようなゴリラを連呼する学名になってしまいました。

これぞニッポン！ なトキの学名

トキは、「*Nipponia nippon*」という、実に日本的な学名をもつ鳥です。この学名は、江戸時代末期にシーボルトがオランダに送ったトキの標本によって研究され、最終的に現在の学名になりました。肝心の日本では絶滅しましたが、中国に生息するトキと遺伝子的に同種であることから繁殖の取り組みが行われ、日本では2019年、ついに野生絶滅から絶滅危惧種に変更されました。ちなみに、「トキ」の和名は漢字で「朱鷺」。羽の淡い紅色に由来し「赤みのあるサギ」という意味ですが、サギとは科がちがいます。

「賢い賢い」ヒトの学名

ヒトの学名は「*Homo sapiens*」。*Homo*は「人」、*sapiens*は「賢い」を意味し、「人類の本質は英知に優れた存在」というギリシア哲学にのっとり命名されました。*Homo sapiens*には現在は絶滅したものもいるため、亜種名をつけて「*Homo sapiens sapiens*」とよぶこともあり、賢さが強調されていますが、果たしてそうなのかは未来が答えを出すでしょう。

3

どっちの生きものなの!?ななまえ

生きもののなまえがいくつも連なっていたり、真逆の特徴が入っていたり、結局何なのかよくわからない？ ちょっと迷ってしまうなまえ。

どっち!? 魚類

餌に似せて小魚をおびきよせて捕食

体色にバリエーションがある。また、カエルとアンコウを合わせたかのようなルックス➡イロカエルアンコウに

あしのような胸びれで海底を歩くように移動

イロカエルアンコウ

色 ／ 蛙 ／ 鮟鱇

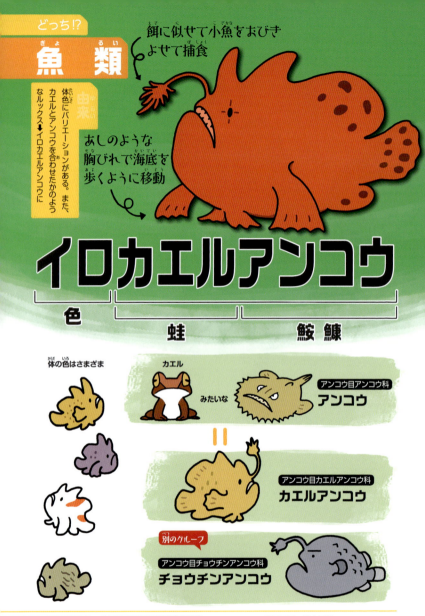

体の色はさまざま

カエル みたいな
アンコウ目アンコウ科 **アンコウ**

＝

アンコウ目カエルアンコウ科 **カエルアンコウ**

別のグループ
アンコウ目チョウチンアンコウ科 **チョウチンアンコウ**

DATA	アンコウ目カエルアンコウ科 **イロカエルアンコウ** *Antennarius pictus*

- 大きさ　最大で16cm
- 生息地　日本沿岸や西太平洋の岩礁やサンゴ礁など
- 食べ物　動物食

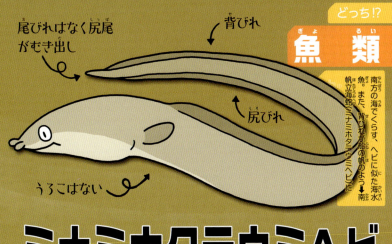

どっち!?
魚類

南方の海でくらす、ヘビに似た海水魚。また、背びれが船の帆のよう ➡ 南帆立海蛇(ミナミホタテウミヘビ)に

尾びれはなく尻尾がむき出し
背びれ
尻びれ
うろこはない

ミナミホタテウミヘビ

南 / 帆立 / 海 / 蛇

比較的、南方に生息

背びれを船の帆に見立てた

ヘビのようなすがたの海水魚
ウナギ目ウミヘビ科 のグループ

モンガラドオシ
紋 柄 通

は虫類のウミヘビ

有鱗目コブラ科
エラブウミヘビ
こちらは本物のヘビ。猛毒だが口が小さくかまれる可能性は低い

ひれはない
うろこがある

	ウナギ目ウミヘビ科		
DATA	**ミナミホタテウミヘビ** *Pisodonophis cancrivorus*	■ 大きさ ■ 生息地 ■ 食べ物	体長80cm 日本沿岸や太平洋の砂底や泥底など 小型の甲殻類など

甲殻類 （こうかくるい）

由来 甲羅はなめらかな手触りだが、あしには毛がある→両方の特徴を表す、スベスベケブカガニとした

あしには毛がある

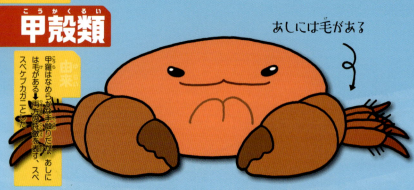

スベスベケブカガニ

滑滑　　毛　深　蟹

つるん　なめらか

スベスベななまえ

スベスベマンジュウガニ
饅頭　蟹
十脚目オウギガニ科

エイのなかま
ガンギエイ目ガンギエイ科
スベスベカスベ
糟倍
カス扱いの魚

ケブカガニ
かつてはケブカガニと同じ属だった

毛深くはないけどケブカガニのなかま
ケブカガニ属

しかし

今は別の属
スベスベケブカガニ属

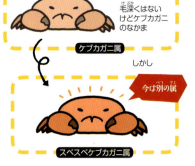

 十脚目ケブカガニ科
スベスベケブカガニ
Glabropilumnus dispar

■ 大きさ　甲幅20cm
■ 生息地　インド洋・西太平洋などのサンゴ礁

ないことを表すなまえ

どっち!?

ほ乳類

見た目はふつうのリス

飛膜がないので「マクナシ」

尾の付け根の裏がうろこ状

ネズミ目ウロコオリス科
マクナシウロコオリス
膜　無　鱗　尾　栗鼠

ムササビ
滑空
飛膜

ヒメウロコオリス
アフリカにいる
うろこ
飛膜をもち滑空するものが多数派

魚類

タイのなかまではない

スズキ目イサキ科
ヒゲソリダイ
髭　剃　鯛

ひげがうすいので「ヒゲソリ」

スズキ目イサキ科
ヒゲダイ

ひげがあるので「ヒゲ」

いずれも日本近海にも生息

おいしい

昆虫

どっち!?

由来　幼虫がスズメバチの腹に寄生。また、オスの前ばねがねじれている➡2つの特徴から、スズメバチネジレバネ

オス成虫

飛び回って メスを探す

スズメバチネジレバネ

雀　蜂　撚　翅

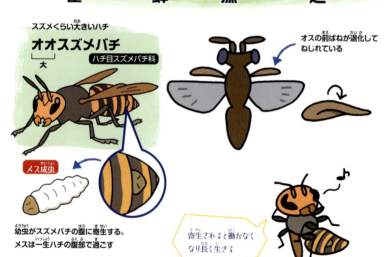

スズメくらい大きいハチ
オオスズメバチ
ハチ目スズメバチ科
大

オスの前ばねが退化して ねじれている

メス成虫

幼虫がスズメバチの腹に寄生する。メスは一生ハチの腹部で過ごす

寄生されると働かなくなり長く生きる

	ネジレバネ目ネジレバネ科 **スズメバチネジレバネ** *Xenos moutoni*	■ 大きさ	体長オス3〜7mm、メス13〜30mm
		■ 生息地	中国・台湾・ベトナム・日本の里山など（スズメバチのいるところ）
		■ 食べ物	幼虫とメスは寄生したスズメバチから養分をとる

どっち!? **昆虫**

高山のブナ林にすむ

日本最大のクワガタムシ「オオクワガタ」の一種だが、小さめだから姫をつけた→ヒメオオクワガタに

ヒメオオクワガタ

姫 | 大 | 鍬形

ヒメは小さいことを表す
＝
小さいオオクワガタ

オオクワガタは日本最大のクワガタムシ

鍬形＝かぶとについた装飾 → 似ている → クワガタムシ

クワガタムシ科 のグループ

矛盾したなまえ

クモ目ヒメグモ科
オオヒメグモ
大 姫 蜘蛛
ヒメグモ類の中では大型種

キングヒメオオトカゲ
king 姫 大 蜥蜴
キングという名の2人の人物に由来
有鱗目オオトカゲ科

DATA

コウチュウ目クワガタムシ科
ヒメオオクワガタ
Dorcus montivagus

- 大きさ　体長2.7〜4.7cm
- 生息地　日本の山地
- 食べ物　ヤナギなどの樹液

どっち!?
昆虫

由来
黒い斑を黒星と表現。クロホシテントウゴミムシダマシに見えるが、やや ちがうので偽がついた

コケや地衣類につく

ニセクロホシテントウゴミムシダマシ

偽 / 黒星 / 天道 / 塵虫 / 騙し

コウチュウ目ゴミムシダマシ科
クロホシテンロウゴミムシダマシ

同じ属だが微妙にちがう

テントウムシにそっくり

ゴミムシダマシのなかま

ミツノゴミムシダマシ
(P.40)

よく似ているので…

黒い斑点模様

ニセクロホシテントウゴミムシダマシ

テントウムシに似たゴミムシダマシのなかまのテントウゴミムシダマシのなかまである、クロホシテントウゴミムシダマシに似ているので「ニセ」とついた

わかるかな?

DATA

コウチュウ目ゴミムシダマシ科
ニセクロホシテントウゴミムシダマシ
Derispia japonicola

- 大きさ：体長3.5mm前後
- 生息地：本州・四国・九州の森林
- 食べ物：コケ、地衣類など

ニセクロホシテントウゴミムシダマシの構造

昆虫　どっち!?

コウチュウ目ゴミムシダマシ科

ゴミムシに似た虫

ヨツボシゴミムシダマシ
四　星

スナゴミムシダマシ
砂

ニジゴミムシダマシ
虹

アトコブゴミムシダマシ
後　瘤

後ろにコブ

エグリゴミムシダマシ
抉り

頭の近くがえぐれている

などなど

テントウゴミムシダマシ族

テントウムシみたいな、ゴミムシに似た虫

テントウゴミムシダマシ

キイロテントウゴミムシダマシ
黄色

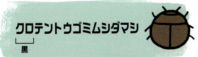

クロテントウゴミムシダマシ
黒

クロホシテントウゴミムシダマシ属

黒い斑点のある、テントウムシみたいな、ゴミムシに似た虫

クロホシテントウゴミムシダマシ

ニセクロホシテントウゴミムシダマシ

どっち!?
クモ類

計4対8個の単眼

由来
ジャンプしてハエなどをとらえる。詳細は不明だが、動きがネコに似ている
→ネコハエトリとなった

ジャンプが得意

網は張らず、糸は体の支えなどに使う

ネコハエトリ
猫(?)　蝿　取

詳細は不明。動きなどがネコっぽいから？

ブーン　ぴょーん

ハエなどの小さな虫に飛びかかって捕食することから、
ハエトリグモとよばれる
蜘蛛

ハエトリグモのなかま

クモ目ハエトリグモ科
マミジロハエトリ
眉 白
目の上が白いことから、眉が白いという意味

メス
アリグモ
蟻
アリそっくりに擬態する。外敵からの防御と見られる

クモ目ハエトリグモ科

オス
アリは強いので、強いものに擬態している

DATA
クモ目ハエトリグモ科
ネコハエトリ
Carrhotus xanthogramma

- 大きさ　体長7〜8mm
- 生息地　北海道・本州などの市街地や里山など
- 食べ物　小さな昆虫

ネコのつくなまえいろいろ

どっち!?

魚　ネコザメ目ネコザメ科
ネコザメ
└ 鮫 ┘
ネコに似ているから
強い歯で貝を割って食べる

イヌザメ もいる。似てる?
└ 犬 ┘

両生類　カエル目アマガエル科
このなかまでは最大
フタイロネコメガエル
└二┘└色┘└猫┘└目┘└蛙┘
ひとみが縦型でネコの目に似ているから。
体は緑と白の2色

鳥
ネコマネドリ
└猫┘└真似┘└鳥┘
スズメ目マネシツグミ科
└真似し┘

ニャー　ガシャーン
ケコケコ　カッコー

ネコの声まねをすることから。
実際は他の鳥やカエルの声から
機械音まで、さまざまな音を出す

どっち!? ほ乳類

体毛に白い部分と黒い部分がある。首の毛が深いため、エリマキを巻いているよう➡クロシロエリマキキツネザルに

クロシロエリマキキツネザル
- 黒
- 白
- 襟巻き
- 狐
- 猿

白と黒の配色
英名のBlack and white…から

襟巻き
似ている

首まわりにある白いふさ毛が襟巻き（マフラー）に似ているから

同じ属のなかま

サル目キツネザル科
アカエリマキキツネザル
- 赤

サル目キツネザル科 **クロシロエリマキキツネザル** *Varecia variegata*	■ 大きさ　体長50〜56cm、尾長57〜65cm ■ 生息地　マダガスカル島の熱帯雨林 ■ 食べ物　果実や木の葉・花

4

長(なが)い！区切(くぎ)りがわからない！読(よ)みづらいなまえ

長すぎてまるで呪文(じゅもん)のようだったり、いったいどこで区切るのかわかりづらかったり……声(こえ)に出(だ)して読(よ)むと、ちょっとイライラするなまえ。

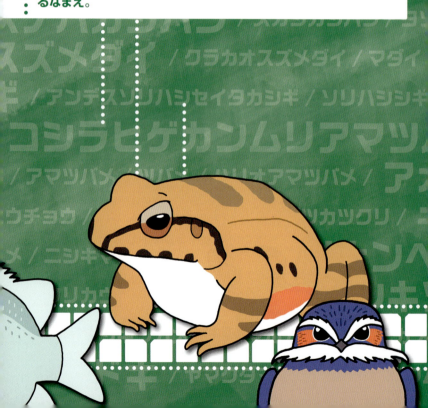

長い！読みづらい！
昆虫

由来
昆虫学者の名をとり、エサキがついた。また、背に黄色っぽいハート型の紋があり、肩が角のように見える

臭腺からくさいにおいを出す

管状の口で植物の汁を吸う

エサキモンキツノカメムシ

江崎 — 紋 — 黄 — 角 — 亀 — 虫

江崎悌三
(1899-1957)
昆虫学者
人物にちなんだなまえ

黄色というかクリーム色
ハート型の模様

肩が角のように突き出している

亀に似ているからカメムシ

彼らもカメムシ目

カメムシ目コオイムシ科
タガメ
田 亀
田んぼのカメムシ

カメムシ目アメンボ科
アメンボ
飴 ん 坊 or 棒
菓子のアメのようなにおいを出すから

DATA カメムシ目ツノカメムシ科
エサキモンキツノカメムシ
Sastragala esakii

- 大きさ　体長1.2〜1.4cm
- 生息地　北海道〜九州の里山や山地
- 食べ物　ミズキなどの植物の汁

長い！読みづらい！
昆虫

エサキモンキツノカメムシを分解していく

エサキ **モンキツノカメムシ**

ただのモンキツノカメムシもいる。
同じ属でよく似ている

緑色
さらに突き出している

エサキモンキ **ツノカメムシ**

ツノカメムシ科 の カメムシ **トゲツノカメムシ**
肩が角のように突き出しているので「ツノ」。
ただの「ツノカメムシ」はいない

棘

立派なとげ

エサキモンキツノ **カメムシ**

カメムシ目カメムシ亜科 の 昆虫の総称
ただの「カメムシ」はいない

カメムシ目キンカメムシ科
アカスジキンカメムシ
赤　筋　金

美しい

カメムシ目マルカメムシ科
マルカメムシ
丸

カメムシ目カメムシ科
ナガメ
菜　亀

アブラナにつく

カメムシ目サシガメ科
危険
クロモンサシガメ
黒　紋　刺　亀

刺すからサシガメ

カメムシ目カメムシ科
ツノアオカメムシ
角　青

ツノカメムシではない

長い！読みづらい！昆虫

由来
低地に生息するため「里」がついた。
うるさい鳴き声を糸車を回す際の音にたとえ、「管」と「巻」も名前の一部に

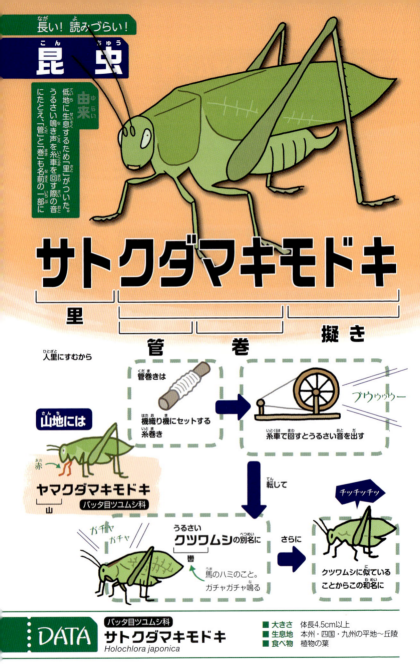

サトクダマキモドキ

里 / 管 / 巻 / 擬き

- 人里にすむから
- 管巻きは機織り機にセットする糸巻き
- 糸車で回すとうるさい音を出す
- 山地には **ヤマクダマキモドキ**（バッタ目ツユムシ科）
- 転じて うるさい **クツワムシの別名に** — 轡、馬のハミのこと。ガチャガチャ鳴る
- さらに クツワムシに似ていることからこの和名に（チッチッチッ）

DATA
バッタ目ツユムシ科
サトクダマキモドキ
Holochlora japonica

- 大きさ　体長4.5cm以上
- 生息地　本州・四国・九州の平地〜丘陵
- 食べ物　植物の葉

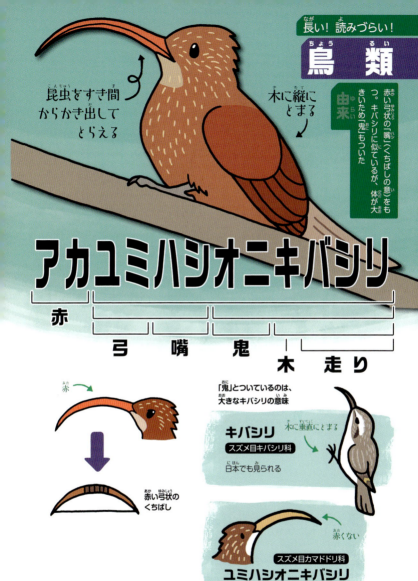

長い！読みづらい！
鳥類

由来 赤い弓状の「嘴」(くちばしの意)をもつ。キバシリに似ているが、体が大きいため「鬼」もついた

昆虫をすき間からかき出してとらえる

木に縦にとまる

アカユミハシオニキバシリ

赤 / 弓 / 嘴 / 鬼 / 木走り

赤 → 赤い弓状のくちばし

「鬼」とついているのは、大きなキバシリの意味

キバシリ
スズメ目キバシリ科
日本でも見られる
木に垂直にとまる

ユミハシオニキバシリ
スズメ目カマドドリ科
赤くない

スズメ目カマドドリ科
アカユミハシオニキバシリ
Campylorhamphus trochilirostris

- 大きさ　全長30cm
- 生息地　南アメリカの森林
- 食べ物　昆虫

長い！読みづらい！昆虫

> **由来**
> 青い前ばねをもつ、形がアリに似ており、普段は後ろばねが前ばねの下に隠れている→アオバアリガタハネカクシに

アオバアリガタハネカクシ

青 翅 蟻 形 翅 隠し

- 前ばねが青い
- アリに似た形の **ハネカクシ類**
- 前ばね／腹／後ろばね／たたんでしまう

小さな前ばねの下に、ふつうサイズの後ろばねをしまっているので「ハネカクシ」

エゾアリガタハネカクシ
蝦夷（北海道）／本州にもいる
コウチュウ目ハネカクシ科

クロサビイロハネカクシ
黒 錆色／体色から
コウチュウ目ハネカクシ科

DATA コウチュウ目ハネカクシ科
アオバアリガタハネカクシ
Paederus fuscipes

- 大きさ　体長6.5mm
- 生息地　世界各地（アメリカ大陸以外）の里山
- 食べ物　雑食（特に昆虫）

昆虫

長い！読みづらい！

由来
太い触覚を「髭太」と表現。また、アリの巣の餌をかすめとるため、「蟻塚」も名の一部に

ハネカクシのなかまなので、前ばねが小さい

コヤマトヒゲブトアリヅカムシ

- 小
- 大和（大和は日本の昔のよび名）
- 髭
- 太
- 蟻塚
- 虫

触角が太いのでヒゲブト

アリの巣にすむ虫

↓

アリをなだめるにおいを出して

アリの巣内の餌などをかすめとってくらす

コウチュウ目ハネカクシ科
ヤマトヒゲブトアリヅカムシ
大和　髭太
ちょっと大きい
九州の一部に生息

DATA	コウチュウ目ハネカクシ科 **コヤマトヒゲブトアリヅカムシ** *Diartiger fossulatus*	■ 大きさ　体長1.9〜2.2mm ■ 生息地　北海道〜九州のアリの巣内

ほ乳類

長い！読みづらい！

体長は5cm未満
体重は2g未満

小さな昆虫やクモなどを食べる

由来
発見した外国人が蝦夷を江戸と書きちがえた。また、とがった鼻先をもつ→トウキョウトガリネズミに

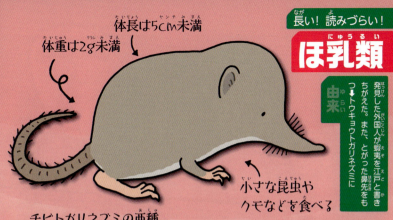

チビトガリネズミの亜種
トウキョウトガリネズミ

東京 ／ 尖り ／ 鼠

東京とつくが生息地は北海道。発見した外国人が標本のラベルに採集地は「Yezo（蝦夷）」と書くところを

と誤記。
そのため江戸＝東京産と誤解されたという説がある

鼻先がとがる
ネズミに似るが実際はモグラに近い

トガリネズミ目トガリネズミ科
トガリネズミ

モグラ

トウキョウ〇〇ななまえ
※ちゃんと東京都にもいる

有尾目サンショウウオ科
トウキョウサンショウウオ
山椒 ／ 魚
サンショウに似たにおいを出す水生動物の意味

カエル目アカガエル科
トウキョウダルマガエル
達磨 ／ 蛙
丸い体から。関東で「トノサマガエル」とよばれるのはコレ

DATA

トガリネズミ目トガリネズミ科
トウキョウトガリネズミ
Sorex minutissimus hawkeri

- 大きさ：体長3.9〜4.5cm、尾長2.8〜3.2cm、体重1.2〜1.8g
- 生息地：ヨーロッパ〜アジア北部の草原や湿原
- 食べ物：クモや昆虫

昆虫

長い！読みづらい！

幼虫 / **成虫**

由来
体が丸く、鰹節をはじめ、乾いた動物質のものを食べる。また、小さいことを表す「姫」がついた

おもに毛糸、絹糸、毛皮など、動物性の繊維質を食べる

花の蜜や花粉を食べる

ヒメマルカツオブシムシ

姫	丸	鰹節	虫
小さい	丸い体	鰹節をはじめ、乾いた動物質のものを食べる虫たち	

シロオビマルカツオブシムシ
白 / 帯
コウチュウ目カツオブシムシ科

天敵
アリのように小さいハチ。幼虫に卵を産みつける

キアシアリガタバチ

黄 足 蟻 形 蜂

黄色いあし

ハチ目アリガタバチ科

コウチュウ目カツオブシムシ科	
ヒメマルカツオブシムシ Anthrenus verbasci	■ 大きさ 体長2.5mm ■ 生息地 日本を含む世界各地の市街地 ■ 食べ物 幼虫は毛糸などの衣料繊維、成虫はキク科の花の蜜

長い！読みづらい！昆虫

家のものを食べる虫

コウチュウ目シバンムシ科
フルホンシバンムシ
古本 ｜ 死番虫

古い書物にできるトンネル状の虫食いはシバンムシのしわざ

紙を食べる

チッチッチッ

ヨーロッパ産の種は柱などに頭を打って音を出す。
それを死神の秒読みに見立てた英名(death uatch beetle)を和訳

コウチュウ目シバンムシ科
ジンサンシバンムシ
人参

何でも食べる
朝鮮人参など生薬も食害することから

これも本を食べる

コウチュウ目シバンムシ科
タバコシバンムシ
煙草

実際にはタバコから畳、さまざまな貯蔵食品まで、幅広く食い荒らす倉庫の大敵

タバコの葉を食べる

シミ目シミ科
ヤマトシミ
大和　紙魚

日本の呼び名

メタリック
粉っぽい

和紙などの表面や本の糊をけずって食べる

こういう食べあとは前述のシバンムシの食害だが、シミのせいだと思われてきた

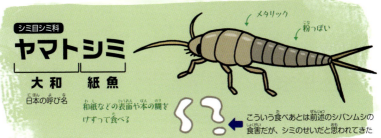

ウニ類

長い！読みづらい！

海底にすむ

由来 裏側の模様がハスの葉のよう。また、甘食をはじめ、丸く平たい菓子パンに形が似ている→ハスノハカシパンに

ハスノハカシパン
蓮 の 葉 ／ 菓子 パン

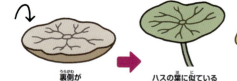

裏側が → ハスの葉に似ている

甘食やビスケットのような丸く平たい菓子パンに似ていることからカシパン類

カシパン類のなまえ

タコノマクラ目スカシカシパン科
スカシカシパン
透 かし
穴があいているので透けて見える

タコノマクラ目カシパン科
ヨツアナカシパン
四つ穴
生殖孔が4つ

タコノマクラ目タコノマクラ科
タコノマクラ
蛸 の 枕
実際には枕にはしない

タコノマクラ目ヨウミャクカシパン科
ハスノハカシパン
Scaphechinus mirabilis

- 大きさ　直径8cm
- 生息地　北海道南部〜九州・朝鮮半島などの海底
- 食べ物　海底に沈んだ生物の死がいや微生物など

長い！読みづらい！
魚類

サンゴ礁にすむ

由来
クラカオの由来は、学名に含まれるキュラソー島（curacao）。スズメのように小さく、群れるからスズメダイ

ニセクラカオスズメダイ

偽　Curacao　雀　鯛

「暗顔」じゃないよ

スズキ目スズメダイ科
クラカオスズメダイ
と似ているので「ニセ」

クラカオはキュラソー島が由来

カリブ海
ベネズエラ

しかしクラカオスズメダイは
キュラソー島周辺にはいない…

スズメのように小さい
または
群れる

スズメダイはタイの
なかまではないが、
平たい魚には〇〇ダイ
とつくことが多い

スズキ目タイ科 **マダイ** とは無関係

DATA　スズキ目スズメダイ科
ニセクラカオスズメダイ
Amblyglyphidodon ternatensis

- 大きさ　全長10cm
- 生息地　八重山諸島〜西部太平洋のサンゴ礁

長い！読みづらい！
鳥類

由来
赤い頭と上に反ったくちばし、長いあしをもつ→アカガシラソリハシセイタカシギとなった

水中でくちばしを左右に振って餌を探す

あしが長い

アカガシラソリハシセイタカシギ
赤 / 頭 / 反 / 嘴 / 背 / 高 / 鷸

頭が赤茶色

上に反ったくちばし

白い

チドリ目セイタカシギ科
アンデスソリハシセイタカシギ

シギとはちょっと遠いなかま

チドリ目セイタカシギ科
セイタカシギ
日本でも見られる
背が高い

チドリ目セイタカシギ科
ソリハシセイタカシギ
日本でも見られる

DATA
チドリ目セイタカシギ科
アカガシラソリハシセイタカシギ
Recurvirostra novaehollandiae

- ■ 大きさ　全長43〜45cm
- ■ 生息地　オーストラリアの湿地や干潟
- ■ 食べ物　水生昆虫、甲殻類など

長い！読みづらい！鳥類

枝や電線にとまる

白いひげをもつ。また、頭部の模様が冠のよう。雨のときは低く飛ぶ、アマツバメ科 → コシラヒゲカンムリアマツバメに由来

コシラヒゲカンムリアマツバメ

- 小
- 白 髭 — 白いひげと
- 冠 — 冠のような頭をもつ
- 雨
- 燕

シラヒゲカンムリアマツバメ
アマツバメ目カンムリアマツバメ科
冠／白いひげ

カンムリアマツバメ
アマツバメ目カンムリアマツバメ科
冠

アマツバメ
アマツバメ目アマツバメ科（科は別）
雨のときは低く飛ぶ、ツバメ（に似た鳥）だとする説がある

ツバメとアマツバメ

ツバメ
スズメ目ツバメ科
電線や枝にとまる。地面にも下りる

ハリオアマツバメ
アマツバメ目アマツバメ科
針尾
大半の時間は飛んでいて、枝などにはとまらない。崖に巣をつくる
世界最速／針状

DATA

アマツバメ目カンムリアマツバメ科
コシラヒゲカンムリアマツバメ
Hemiprocne comate

- 大きさ　全長15〜17cm
- 生息地　東南アジアの低地や森林
- 食べ物　昆虫など

鳥類

長い！読みづらい！

由来
羽も目も青く、青いものが好き。小枝などで東屋をつくり、中にメスをさそう➡アオアズマヤドリに

雑食で果実をよく食べる

オス

メス

オスは青い

アオアズマヤドリ

青　　東屋　　鳥

羽も目も青い
青いものが好き

庭や公園に建てられる
小屋を東屋という

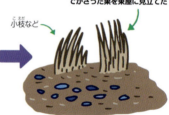

小枝など

まわりを青い花びらや鳥の羽など
でかざった巣を東屋に見立てた

東屋と庭を
メスが気に入れば

オス

中で交尾

庭

メスは別の場所にふつう
の巣をつくり、卵を育てる

スズメ目ニワシドリ科
アオアズマヤドリ
Ptilonorhynchus violaceus

- ■ 大きさ　全長28〜32cm
- ■ 生息地　オーストラリアの林
- ■ 食べ物　昆虫や果実

80

職人な鳥のなまえ

長い！読みづらい！
鳥類

スズメ目ニワシドリ科
オオニワシドリ
大　庭師　鳥

トンネル状の東屋
白い石や貝殻など
庭をつくり、手入れをすることから

スズメ目セッカ科
オナガサイホウチョウ
尾　長　裁縫　鳥

クモの糸
糸とくちばしで葉をぬい合わせて巣をつくることから

スズメ目カマドドリ科
セアカカマドドリ
背　赤　竈　鳥

土でかまど状の巣をつくることから

落ち葉を積み上げて塚をつくることから。その中に卵を産んで発酵熱で温める

キジ目ツカツクリ科
ヤブツカツクリ
藪　塚　作り

は虫類

長い！読みづらい！

由来 甲羅がギザギザしている。また、ヘビのように長い首をもつ→ギザミネヘビクビガメとなった

長い首

ギザミネヘビクビガメ
刻　峰　蛇　首　亀

背中の甲羅がギザギザ

ヘビのように長い首

首の引っ込め方が特殊

首の長いカメのなまえ

モンキヨコクビガメ
紋　黄　横　首　亀
カメ目ヨコクビガメ科

黄色の模様

ニシキマゲクビガメ
錦　曲　首
カメ目ヘビクビガメ科

きれい

DATA

カメ目ヘビクビガメ科
ギザミネヘビクビガメ
Hydromedusa tectifera

- 大きさ　甲長最大30cm
- 生息地　南アメリカ大陸南部の河川や沼
- 食べ物　昆虫、甲殻類、魚類など

長い！読みづらい！
両生類

別名はマウンテンチキン

現地では食用

由来1: 南米大陸にすむ。ナンベイウシガエルによく似ているため「紛い」がついた

マガイナンベイウシガエル

- 紛い — ニセモノの意味 よく似ているから「まがいもの」のマガイ
- 南米
- 牛
- 蛙

カエル目ユビナガガエル科
ナンベイウシガエル

南米大陸にすむ 南米

カエル目アカガエル科
ウシガエル

に似ているが別の科

これも似ているけれど別の科

幼生のいる水が干上がると親ガエルが水路をつくってあげる

アフリカのサバンナにすむ

カエル目アフリカウシガエル科
アフリカウシガエル

DATA

カエル目ユビナガガエル科
マガイナンベイウシガエル
Leptodactylus knudseni

- 大きさ：体長12.5〜18cm
- 生息地：南アメリカ大陸全域の低地の森林やサバンナなど（湿った場所）

コラム

おなまえ物語② 困ったなまえ

その生きもの(種)に与えられたなまえが、まちがいのない唯一のものであることが望ましいのはもちろんです。ところが、まれに困った問題が起こることがあります。

シノニム(同物異名)

同じ種に対して別のなまえがつけられることを、シノニム(同物異名)といいます。たとえば、別種だと思われていた生きものが同じ種だとわかったり、すでに命名されていた種に、別の人が新しく記載してしまったりした場合などです。シノニムが判明した場合、1つに統一するために、1時間でも早く発表された方のなまえが有効です。

ホモニム(異物同名)

シノニムと反対に、ちがう種に対して同じなまえがつくことを、ホモニム(異物同名)といいます。たとえば、すでに使用されているなまえを他の種につけた場合などです。ホモニムが判明した場合は、後からつけた方のなまえを変更します。また、種の分類がまちがっていることがわかり新種だった場合は、新しい学名がつけられます。

スペルまちがい

学名のスペルなどをまちがえて記載するという、単純なミスが起こることがあります。たとえば、イチョウの属名 *Ginkgo* は、銀杏からとられた「Ginkyo」の音読みのスペルミスと言われています。しかし、このような理由で学名を変更することはできません。

全然ちがうのに同じなまえ

まったくちがう生きものが、同じなまえをもつこともあります。たとえば、鳥にも貝にも植物にもホトトギスというなまえの生きものがいて、なまえを見ただけでは区別がつきません。

同じ標準和名をもつ生きものの例

ホトトギス
- カッコウ目カッコウ科 の鳥類
- ユリ目ユリ科 の植物
- イガイ目イガイ科 の貝

オヒョウ
- カレイ目カレイ科 の魚類
- イラクサ目ニレ科 の植物

コミミズク
- カメムシ目ミミズク科 の昆虫
- フクロウ目フクロウ科 の鳥類

コミミズク(鳥類)

コミミズク(昆虫)

5

見た目そのまま、名は体を表すなまえ

なまえを見れば、すがたが想像できるかも？ 見た目がそのままなまえになった、まさに名は体を表しているなまえ。

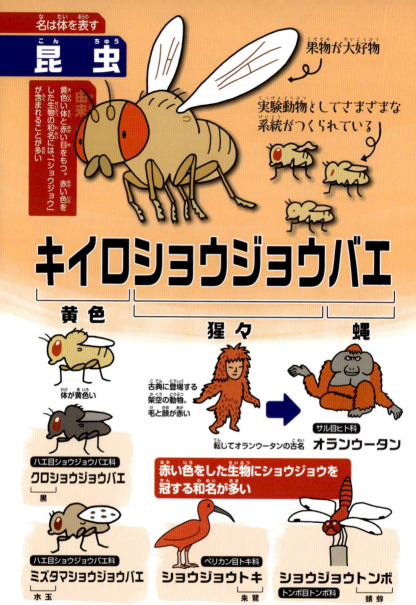

研究・実験に使われる生き物

名は体を表す

サル目オナガザル科
アカゲザル
赤 毛 猿
Ｒｈ血液型は実験に使われたアカゲザルの英名
Rhesus monkeyにちなむ

赤っぽい体色

カエル目ピパ科
アフリカツメガエル
Africa 爪 蛙
アフリカ原産
後ろあしの指につめ状の突起がある

ネズミ目ネズミ科
マウス ＝ ハツカネズミ の改良品種
mouse 二十日 鼠
妊娠期間が20日間だからという説

ネズミ目ネズミ科
ラット ＝ ドブネズミ の改良品種
rat 溝 鼠
人家周辺の下水を含め、水気の多い場所を好むことから

ウズムシ目サンカクアタマウズムシ科
ナミウズムシ ＝ プラナリア の一種
並 渦 虫 planaria
水中にすみ、動くと渦ができることから。再生能力が高く、実験に使われる

名は体を表す
昆虫

由来 28個の斑を星にたとえた。テントウムシは、太陽（お天道様）の方へ飛ぶ性質を指す➡ニジュウヤホシテントウに

ジャガイモなどの葉を食べる

ニジュウヤホシテントウ
二十八　　星　　天道

28個の斑＝星をもつテントウムシ

太陽（お天道様）に向かって飛ぶから天道虫

コウチュウ目テントウムシ科
テントウムシ
色・模様はさまざま。アブラムシを食べる

数字2桁のなまえ

13本

ネズミ目リス科
ジュウサンセンジリス
十三　　線　　地栗鼠
地面にすむリス＝ジリス

スズメ目フウチョウ科
ジュウニセンフウチョウ
十二　　線　　風鳥
「極楽鳥」のなかま

12本の伸びた羽

DATA | **コウチュウ目テントウムシ科** **ニジュウヤホシテントウ** *Epilachna vigintioctopunctata*

- **大きさ** 体長6〜7mm
- **生息地** 日本や中国、台湾、インド、オーストラリアの畑など
- **食べ物** ナス科植物の葉

テントウムシの星の数

1. ムモンチャイロテントウ
2. フタモンクロテントウ
4. ヨツボシテントウ
6. ムツボシテントウ
7. ナナホシテントウ
9. ココノホシテントウ
10. トホシテントウ
12. ジュウニマダラテントウ
13. ジュウサンホシテントウ
14. シロジュウシホシテントウ
16. ジュウロクホシテントウ
19. ジュウクホシテントウ

名は体を表す
鳥類

由来 金色の目と黒い体をもつ。また、羽の部分（翼）に白い帯がある ➡ キンクロハジロとなった

キンクロハジロ

金 ｜ 黒 ｜ 羽 ｜ 白

目の色が金

体の色が黒

翼に白い帯がある

ハジロ属のなまえ

カモ目カモ科
ホシハジロ
星 — 由来は不明

カモ目カモ科
クビワキンクロ
首輪 — 目立たない輪状の模様

カモ目カモ科
スズガモ
鈴 鴨 — 羽音が鈴みたい
キンクロハジロに似ている

DATA カモ目カモ科
キンクロハジロ
Aythya fuligula

- 大きさ　全長40〜47cm
- 生息地　ユーラシア・アフリカなどの池
- 食べ物　貝やエビ

名は体を表す

鳥類 1

由来: 小さい耳羽をもつ木兎のなかま。また、「ミミズク」を「ズク」と略した→コミミズクとなった

フクロウ類のあしの指は2対2

音を立てずに飛ぶ

コ ミ ミ ズ ク
小　耳　木兎
ミミズクの略

耳羽が小さい

コミミズク わりと大きい

フクロウ目フクロウ科 コノハズク 木の葉

耳をウサギに見立てた

つまり、小さいミミズクではなく、小さい耳のミミズク
ただの「ミミズク」という鳥はいない

昆虫にもいる

カメムシ目ミミズク科 ミミズク

カメムシ目ミミズク科 コミミズク こちらは「小さいミミズク」

DATA — フクロウ目フクロウ科 **コミミズク** *Asio flammeus*

- 大きさ: 全長33〜43cm
- 生息地: 世界各地の開けた平地や湿った場所
- 食べ物: ネズミや昆虫など

名は体を表す

鳥類

由来 体色が灰色。木にとまると立っているように見え、夜のみ活動するという性質をもつ→ハイイロタチヨタカに

ハイイロタチヨタカ

[灰][色][立 ち][夜 鷹]

体色が灰色

木の枝に縦にとまる
伸びて枝に擬態することも

ピーン

ヨタカはタカではない

ヨタカ目ヨタカ科
ヨタカ
昼は木に化けて休み、
夜に飛びながら虫を食べる

タチヨタカは待ち伏せして虫をとらえる

ヨタカ目タチヨタカ科
サビイロタチヨタカ
錆色
赤サビ色

DATA ヨタカ目タチヨタカ科
ハイイロタチヨタカ
Nyctibius griseus

- 大きさ　全長33〜38cm
- 生息地　南アメリカの熱帯雨林
- 食べ物　昆虫

おもしろいヨタカのなまえ

名は体を表す　鳥類

ヨタカ目ガマグチヨタカ科
オオガマグチヨタカ

大　蝦蟇　口

開閉式の財布「ガマグチ」

ガマ＝ヒキガエル(別名ガマガエル)の口に似ているから

大きな口をもつヨタカのなかま

くちばしの根元にも毛

ヨタカ目ヨタカ科
ラケットヨタカ
Racket

オス

飾り羽がラケットに似ている

円を描いて飛ぶとラケットが上がっていく

メスへのアピール

見て〜

ヨタカ目アブラヨタカ科
アブラヨタカ

油

脂質の多い果実が主食。ヒナは親より太って油分に富み、かつては食用油をとるのに使われた。英名はoilbird(油鳥)

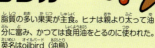

親

ヒナ

ヨタカ目ヨタカ科
プアーウィルヨタカ
Poor-will

英名より　鳴き声が「プアーウィル」ときこえることから

厳冬期は冬眠する(鳥では珍しい)

名は体を表す
軟体動物

由来 ▶ 表面が、ザラザラとしたサメの皮膚のよう。体の形がホオズキの実にそっくり ▶ サメハダホウズキイカとなった

深海性

サメハダホウズキイカ

- 鮫
- 肌
- 鬼灯
- 烏賊

サメの皮膚はザラザラしている

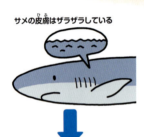

↓

粒立った表面が鮫肌のよう

ホオズキの実に似た形のイカ
ホ「ウ」ズキは誤記だが定着した
「ホウズキイカ」 もいる

同じサメハダホウズキイカ科のなかま

世界最大級のイカ
ダイオウホウズキイカ
大王

10m以上

DATA スルメイカ目サメハダホウズキイカ科
サメハダホウズキイカ
Cranchia scabra

- 大きさ　外套長15cm
- 生息地　太平洋・インド洋など

名は体を表す 爬虫類

由来: 肌がなめらかで、尾の先が球状。また、人家で虫をとるため名づけられた「守宮」と同じグループ➡ナメハダタマオヤモリ

オーストラリアの乾燥地帯にすむ

ナメハダタマオヤモリ

滑 | 肌 | 玉 | 尾 | 守宮

肌がなめらか

尾の先が球状

有鱗目ヤモリ科
ニホンヤモリ
人家にも入り虫をとるので「家守」とも

有鱗目カワリオヤモリ科
オニタマオヤモリ
鬼
肌はトゲトゲ

さらになめらか？
スベスベタマオヤモリ
有鱗目カワリオヤモリ科

イモリは両生類

有尾目イモリ科
ニホンイモリ
日本 | 井守
水辺にすみ、「井戸を守る」と考えられたことから。別名アカハライモリ

DATA

有鱗目カワリオヤモリ科
ナメハダタマオヤモリ
Nephrurus levis

- **大きさ**　全長12cm
- **生息地**　オーストラリアの砂漠や乾燥した草原
- **食べ物**　昆虫、節足動物

名は体を表す
両生類

地面にいる　夜行性

由来 トマトのように赤く丸い、威嚇すると きは体をふくらませる、さらにトマトそっ くりに→アカトマトガエルとなった

アカトマトガエル
赤　Tomato　蛙

赤い体色から

トマトのように赤く丸いカエル

体をふくらませて威嚇する

別種

カエル目ヒメアマガエル科
サビトマトガエル
錆
黄色かったり赤かったり

アミメトマトガエル
網目
カエル目ヒメアマガエル科

野菜・果物なカエル

においがニンニクに似ている

カエル目スキアシガエル科
ニンニクガエル
大蒜

オタマジャクシを背にのせて運ぶ

このカエルがもつ猛毒を、先住民が矢じりに塗って使った

カエル目ヤドクガエル科
イチゴヤドクガエル
苺　矢毒

カエル目ヒメアマガエル科
アカトマトガエル
Dyscophus antongilii

- ■ 大きさ　体長オス6〜7cm、メス9〜11cm
- ■ 生息地　マダガスカルの開けた森
- ■ 食べ物　昆虫

平たい

名は体を表す
は虫類

由来 やわらかく、時にふくらむ甲羅をパンケーキにたとえた。また、陸でくらす→パンケーキリクガメ

乾燥した岩場にすむ

パンケーキリクガメ
Pancake　陸　亀

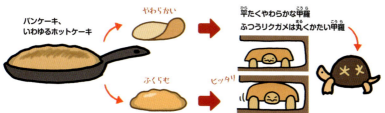

パンケーキ、いわゆるホットケーキ　→　やわらかい　→　平たくやわらかな甲羅　ふつうリクガメは丸くかたい甲羅

ふくらむ　→　ピッタリ

岩のすき間に入り、甲羅をふくらませて身を守る

お菓子ななまえ

丸い体

十脚目オウギガニ科
スベスベマンジュウガニ
滑々　饅頭　蟹

磯にすむ貝類

軟体動物腹足目イソアワモチ科
イソアワモチ
磯　粟　餅

丸いかたちと粒々が、粟でつくったお餅の粟餅に似ている

カメ目リクガメ科
パンケーキリクガメ
Malacochersus tornieri

- 大きさ　甲長15〜18cm
- 生息地　東アフリカのサバンナや林など
- 食べ物　乾燥した草類、サボテン

名は体を表す

ほ乳類

由来: 菊の花のような形の鼻をもつ→キクガシラコウモリとなった

大きい耳 / 親指 / 人指し指 / 中指 / 薬指 / 小指 / 小さい目

キクガシラコウモリ
菊　頭　蝙蝠

菊の花のような形の鼻（鼻葉とよぶ）から

小型のコウモリは超音波を出して、その反響で獲物の位置や地形を知る
鼻葉をもつコウモリは超音波を鼻から出す

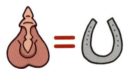

英名は **Horseshoe bat**
馬の蹄鉄／コウモリ

コウモリ目キクガシラコウモリ科
コキクガシラコウモリ
小－キクガシラコウモリより小型だから

コウモリ目カグラコウモリ科
カグラコウモリ
神楽－神楽で使うお面みたいな顔だから

DATA
コウモリ目キクガシラコウモリ科
キクガシラコウモリ
Rhinolophus ferrumequinum

- 大きさ: 体長5.6〜8cm
- 生息地: ヨーロッパ、アジアの川や平地など
- 食べ物: 昆虫

名は体を表す

ほ乳類

コウモリのなまえいろいろ

コウモリ目ヒナコウモリ科
ニホンウサギコウモリ
日本　兎
鼻葉のないコウモリは口から超音波を出す
→長い耳

傾いた耳　突出した尾
尾が後方に長く伸びているから
コウモリ目オヒキコウモリ科
オヒキコウモリ
尾　引

コウモリ目ウオクイコウモリ科
ウオクイコウモリ
魚　食い
おもに魚を食べるから
魚を食べる
鋭いつめ

白い体
コウモリ目ヘラコウモリ科
シロヘラコウモリ
白　箆
体が白く、鼻葉がへらのような形をしているから
へらのような鼻葉

オオコウモリのなかま
コウモリ目オオコウモリ科
ウマヅラコウモリ
馬　面
顔がウマに似ているから
オオコウモリのほとんどは超音波を出さない
長い顔
果実などを食べる

名は体を表す ほ乳類

由来 胸のあたりにある、三日月のような形の模様を「月の輪」とした➡ツキノワグマとなった

日本にはツキノワグマとヒグマの2種がいる

ツキノワグマ
月 の 輪 熊

三日月のような模様 ➡

ツキノワななまえ
光沢のあるムクドリ
スズメ目ムクドリ科
ツキノワテリムク
照 椋
ここに三日月

クマのなまえ
ネコ目クマ科
メガネグマ
眼鏡　メガネ状の模様

ネコ目クマ科
ナマケグマ
怠け　かつてはナマケモノの一種だと思われていた

DATA ネコ目クマ科 **ツキノワグマ** *Ursus thibetanus*

- **大きさ** 体長1～1.8m、尾長6.5～10.6cm
- **生息地** アジアの森林
- **食べ物** 雑食(果実や昆虫、小動物など)

鳥類

クロツラヘラサギ
黒 面 篦 鷺

名は体を表す

由来1: 顔が黒いので、黒と面を冠した。また、へら状のくちばしをもつ➡クロツラヘラサギ

水辺を歩き、くちばしを左右に振って魚や小動物をとる

飛んでいるところ

顔が黒い

へら状のくちばしから
ヘラサギ（ペリカン目トキ科）

サギに似ているが、実際はトキのなかま

ヘラななまえ

ヘラシギ（チドリ目シギ科）鷸
シギのなかま

ヘラジカ（ウシ目シカ科）鹿

ヘラチョウザメ（チョウザメ目ヘラチョウザメ科）蝶 鮫
サメではない
淡水魚

DATA
クロツラヘラサギ（ペリカン目トキ科）
Platalea minor

- **大きさ**　全長60〜78.5cm
- **生息地**　東アジアの湿地や河口、マングローブ林など
- **食べ物**　魚や小動物

名は体を表す
ほ乳類

由来: カンガルーのなかまのうち、中間の大きさなのがワラルー。他のワラルーより毛が長い♪ケナガワラルーに

ケナガワラルー
毛　長　Wallaroo（英語）

ケナガワラルー（毛が長め）
アカワラルー（毛が短い・赤）

ワラビーとカンガルーの中間の大きさでワラルー
- 小さい ワラビー Walla by
- 中間 ワラルー Walla roo（混成語）
- 大きい カンガルー Kanga roo

同様の例（中央線）
国分寺 — 国立 — 立川
※当時

「いっしょにすんな」

DATA
カンガルー目カンガルー科
ケナガワラルー
Macropus robustus

- ■ 大きさ　オス体長1〜1.4m、尾長80〜90cm／メス体長0.75〜1m、尾長60〜70cm
- ■ 生息地　オーストラリアの岩場や山
- ■ 食べ物　草類や木の根・葉など

名は体を表す

親戚っぽいなまえ
いずれもトゲウオ目ヨウジウオ科の魚

元祖 タツノオトシゴ
竜 の 落とし子

竜がひそかになした子どもに見立てたなまえ

タツノイトコ
従兄弟 / 従姉妹

色のバリエーションが多い

タツノハトコ
再従姉妹 / 再従兄弟

房状の突起
毛深く見える

相関図？ 竜との関係
※実際の分類ではない

```
            タツノ曽祖父母
           ○
      ┌────┴────┐
   タツノ祖父母      タツノ大おじ・大おば
   ○              ○
   │        ┌────┴────┐
   │     タツノおじ・おば  タツノいとこおじ・おとこおば
   │        ○              ○
タツノ親 タツノ親
 ○   ○
  └─┬─┘
   タツ竜
```

タツノオトシゴ　　タツノイトコ　　タツノハトコ

名は体を表す 魚類

由来
肉が赤い。また、頭のかたちが、撞をたたく「T字形の棒＝撞木」のよう。アカシュモクザメとなった

左右に出た頭の先に目がある

アカシュモクザメ

赤 ── 撞木 ── 鮫

肉が赤い

撞木は鐘などをたたく木槌

頭のかたちが撞木に似ている

サメは横にえら穴が開く

シュモクななまえ

メジロザメ目シュモクザメ科
シロシュモクザメ
白
なめらか
肉は白い

ハエ目シュモクバエ科
シュモクバエ

ペリカン目シュモクドリ科
シュモクドリ

DATA
メジロザメ目シュモクザメ科
アカシュモクザメ
Sphyrna lewini

- ■ 大きさ　全長4.3m
- ■ 生息地　世界中の沿岸域（熱帯〜温帯）
- ■ 食べ物　魚・甲殻類・タコ・イカなど

名は体を表す

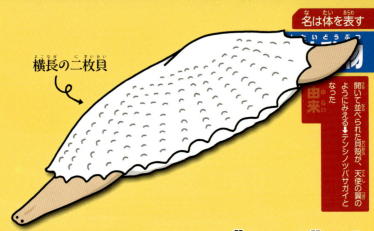

横長の二枚貝

開いて並べられた貝殻が、天使の翼のようにみえる➡テンシノツバサガイとなった

由来

テンシノツバサガイ

天使　の　翼　貝

殻を開いて並べると

天使の翼に似ている

水管
あし
二枚貝のなかま

同じなかま

ペガサスノツバサ

ペガサスの翼に似ている

 DATA

オオノガイ目ニオガイ科
テンシノツバサガイ
Cyrtopleura costata

- ■ 大きさ　殻長17cm
- ■ 生息地　西インド諸島〜北アメリカ東岸のやわらかい泥岩の中

6 意外と知らない？人気者のなまえ

映画などに登場したり、動物園や水族館の定番人気者だったり、よく知られた生きものの、以外に知らないなまえの由来。

人気者
魚類

オレンジと白の体

道化師
英名はclownfish

由来: イソギンチャクに隠れる。また、体の模様が歌舞伎の「隈取」のよう→カクレクマノミとなった

カクレクマノミ
隠れ　　隈　の　魚

イソギンチャクに隠れる

歌舞伎でする独特の化粧の隈取

↓ みたいな
体の模様

DATA	スズキ目スズメダイ科 カクレクマノミ *Amphiprion ocellaris*	■ 大きさ 体長9cm ■ 生息地 鹿児島県以南のサンゴ礁 ■ 食べ物 雑食

クマノミの隠れ家になる

イソギンチャク目ハタゴイソギンチャク科

ハタゴイソギンチャク

旅籠 — 宿屋のこと
磯 — 海の磯
巾着 — 巾着袋のようにすぼまるから

クマノミ

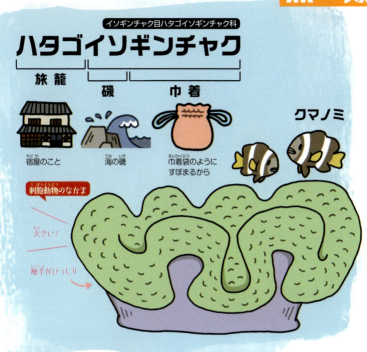

刺胞動物のなかま

大きい！
触手がびっしり

クマノミのなまえいろいろ

トウアカクマノミ
頭赤
頭が赤っぽいから

ハマクマノミ
浜
浅いところに住むから

ハナビラクマノミ
花弁
うすいピンク色の体が花びらに似ているから

セジロクマノミ
背白
頭から背中に白い模様があるから

ほ乳類 — 人気者

由来: クジラより小さく、他のイルカより大きい。中途半端、つまり半道なサイズ → ハンドウイルカに

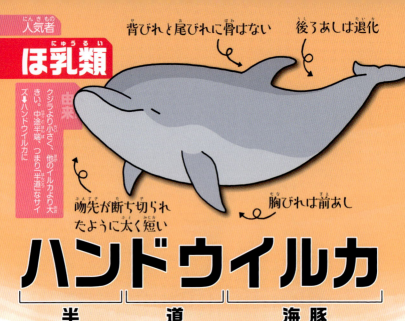

- 背びれと尾びれに骨はない
- 後ろあしは退化
- 吻先が断ち切られたように太く短い
- 胸びれは前あし

ハンドウイルカ
半 道 海 豚

半道は「中途半端」の意味

- クジラより小さく
- 他のイルカより大きい
- 「バンドウ」とされることが多いが、本来は誤り

イルカとは
クジラ（歯クジラ）の中で比較的小型のグループ

- クジラ { マッコウクジラ / ツチクジラ など }
- イルカ { マイルカ / スナメリ など }

DATA 鯨偶蹄目マイルカ科
ハンドウイルカ
Tursiops truncatus

- 大きさ: 全長3m
- 生息地: 熱帯〜温帯の陸近くの海
- 食べ物: 魚類、イカ

ほ乳類 人気者

人気者のなまえの由来

イルカのなまえいろいろ

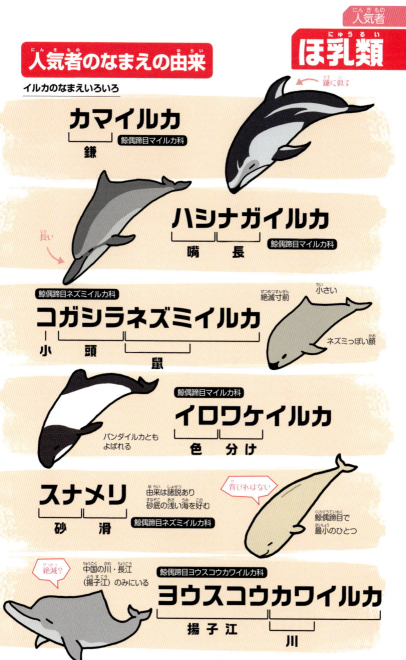

カマイルカ 鯨偶蹄目マイルカ科
└鎌┘
鎌に似る

ハシナガイルカ 鯨偶蹄目マイルカ科
└嘴┘└長┘
長い

コガシラネズミイルカ 鯨偶蹄目ネズミイルカ科
└小┘└頭┘└鼠┘
絶滅寸前 / 小さい / ネズミっぽい顔

イロワケイルカ 鯨偶蹄目マイルカ科
└色┘└分け┘
パンダイルカともよばれる

スナメリ 鯨偶蹄目ネズミイルカ科
└砂┘└滑┘
由来は諸説あり　砂底の浅い海を好む
背びれはない　鯨偶蹄目で最小のひとつ

ヨウスコウカワイルカ 鯨偶蹄目ヨウスコウカワイルカ科
└揚子江┘└川┘
絶滅？　中国の川・長江（揚子江）のみにいる

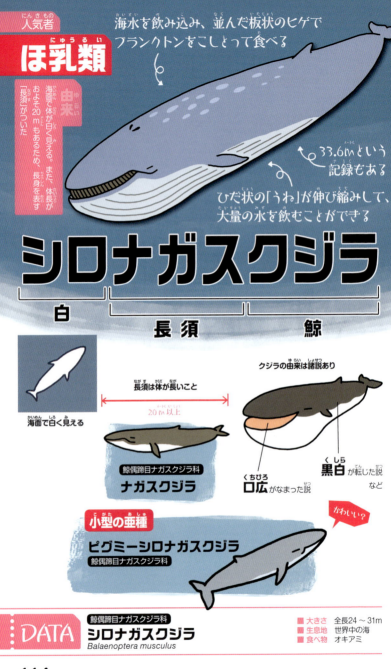

ほ乳類

人気者のなまえの由来

クジラのなまえいろいろ

ザトウクジラ
座頭
鯨偶蹄目ナガスクジラ科

座頭（琵琶法師）にすがたが似ていることから

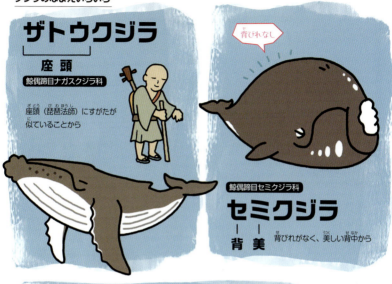

背びれなし

セミクジラ
鯨偶蹄目セミクジラ科
背 美
背びれがなく、美しい背中から

アカボウクジラ
鯨偶蹄目アカボウクジラ科
赤 坊
顔がヒトの赤ん坊に似ていることから

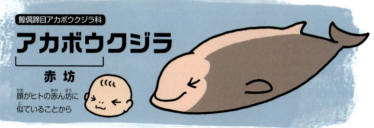

オウギハクジラ
歯が出ている
鯨偶蹄目アカボウクジラ科
扇 歯

おうぎ　に似た出っ歯をもつことから

115

人気者 は虫類

由来 ヒョウのような模様をもつ。トカゲに似ているが、実はヤモリに近い → ヒョウモントカゲモドキとなった

乾燥地帯の地上にすむ

ヒョウモントカゲモドキ

豹　　紋　　蜥蜴　　擬き

ヒョウのような模様

トカゲに似ているが

ヤモリに近いなかま

似たなまえ

ヒョウモンチョウのなかまに似ているが別のグループ

ヒョウモンモドキ
チョウ目タテハチョウ科

日本にもなかまがいる

帯状

オビトカゲモドキ
帯　有鱗目トカゲモドキ科

他のなかまも含め、沖縄の各地に分布

有鱗目トカゲモドキ科
ヒョウモントカゲモドキ
Eublepharis macularius

- 大きさ　全長18〜25cm
- 生息地　インド・パキスタン・アフガニスタンの乾燥した林など
- 食べ物　昆虫や節足動物など

深海にすむ

人気者

甲殻類

なかまの中で一番大きいため、「大王」を冠した。かたい表皮が鎧や兜、具足のよう→ダイオウグソクムシに

ダイオウグソクムシ
大王　具足　虫

このなかまで最大なので大王

40cmくらい
15cmくらい
オオグソクムシ
等脚目スナホリムシ科

具足は鎧兜のこと

袖のあたりが特に似ている

武具ななまえ

薙刀
ナマズじゃない
ナギナタナマズ
（ナイフフィッシュ類）
アロワナ目ナギナタナマズ科

槍
ヤリマンボウ
フグ目マンボウ科　翻車魚

太刀
立ち泳ぎ
タチウオ
スズキ目タチウオ科

DATA　等脚目スナホリムシ科
ダイオウグソクムシ
Bathynomus giganteus

- 大きさ　体長20〜40cm
- 生息地　メキシコ湾やカリブ海を含む西大西洋の深海
- 食べ物　海底に沈んだ魚類やクジラの死がいなど

流氷

人気者

軟体動物

由来: カメの甲羅のような殻をもつ亀貝と泳ぎ方が似ているが、殻をもたない裸亀貝（ハダカカメガイ）に

一般的にはクリオネとよばれる

ハダカカメガイ
裸　　亀　　貝

貝のなかまだけど、殻をもたないからハダカ

別のなかま

カメガイ
殻がカメの甲羅に似ている。あしで羽ばたくように泳ぐさまが共通している

おもに食べているもの

羽ばたいて泳ぐカメガイのなかま

有殻翼足目ミジンウキマイマイ科
ミジンウキマイマイ
微塵　　浮　　蝸牛
ごく小さなちり　　カタツムリのこと
水中を浮く

ハダカカメガイは、触手を出してこれをとらえる

DATA
裸殻翼足目ハダカカメガイ科
ハダカカメガイ
Clione limacina

- 大きさ　体長2cm
- 生息地　北太平洋の海
- 食べ物　ミジンウキマイマイなどの小動物

119

鳥類

人気者

普段は動かない

餌のハイギョを見つけるとたおれ込んで捕まえる

由来
幅の広いくちばしをもつ。くちばしを表す「嘴」を冠し、嘴広鸛(ハシビロコウ)となった

ハシビロコウ

嘴　広　鸛

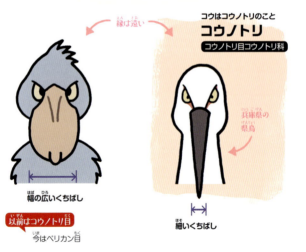

縁は遠い

コウはコウノトリのこと
コウノトリ
コウノトリ目コウノトリ科

兵庫県の県鳥

幅の広いくちばし

細いくちばし

以前はコウノトリ目
今はペリカン目

DATA
ペリカン目ハシビロコウ科
ハシビロコウ
Balaeniceps rex

- 大きさ　全長1.2m
- 生息地　アフリカの湿地
- 食べ物　魚など

鳥類

くちばしのなまえいろいろ

スズメ目カラス科
ハシボソガラス
嘴 細 鳥
くちばしが細いから

おでこに注目

スズメ目カラス科
ハシブトガラス
嘴 太 鳥
くちばしが太いから

キツツキ目オオハシ科
サンショクキムネオオハシ
三 色 黄 胸 大 嘴
3色の大きなくちばしをもち、
胸の部分が黄色いから

チドリ目チドリ科
コバシチドリ
小 嘴 千鳥
くちばしの小さなチドリの
なかまだから
← たくさん群れる様子から

アマツバメ目ハチドリ科
アカオカマハシハチドリ
赤 尾 鎌 嘴 蜂 鳥
ハチのように飛ぶ
小さな鳥
赤い尾、鎌のようなくちばしを
もったハチドリのなかまだから

チドリ目チドリ科
ハシマガリチドリ
嘴 曲がり

左右非対称

くちばしが曲がっている
チドリのなかまだから

くちばしは右に
曲がっている

ハシビロコウのそっくりさん

ペリカン目サギ科
ヒロハシサギ
広 嘴 鷺

ゴイサギに似ているので
五位
ヒロハシゴイとも

醍醐天皇が五位の階位
を授けた逸話が由来

人気者 鳥類

由来
北海道にすみ、長い尾羽をもつ。北海道を「島」、尾羽をひしゃくの「柄」と表現 → 島柄長（シマエナガ）

白い頭
長い尾羽

シマエナガ
島 / 柄 / 長

島＝北海道にすむ

長い尾羽をひしゃくの長い柄に見立てて「エナガ」

エナガ
本州以南で見られる亜種
頭に縞がある

北海道にいて「島」とつくなまえ

フクロウ目フクロウ科
シマフクロウ

スズメ目ホオジロ科
シマアオジ

 スズメ目エナガ科
シマエナガ
Aegithalos caudatus japonicus

- 大きさ　全長14cm
- 生息地　日本（北海道）・カラフト～朝鮮半島の平地や低い山の林
- 食べ物　昆虫

人気者 ほ乳類

長い尾
長い鼻

由来 尾に輪っかのような模様がある。サルだが、顔がキツネに似ている➡輪尾狐猿(ワオキツネザル)となった

ワオキツネザル
輪　尾　狐　猿

尾にリング状の模様
WOW! じゃないよ

キツネに顔が似ている

れっきとした霊長類のなかま

こんなのも
ワオマングース
ネコ目マダガスカルマングース科

サルではない
飛膜を広げて滑空
皮翼目ヒヨケザル科
マレーヒヨケザル
(地名) 日避 猿
夜行性

DATA　サル目キツネザル科
ワオキツネザル
Lemur catta

- 大きさ　体長45cm、尾長55cm
- 生息地　マダガスカルの森林
- 食べ物　果実、木の葉など

人気者
ほ乳類

泳ぎがうまい

由来　指のつめが小さく、川に生息する小爪川獺（コツメカワウソ）となった

指の間に水かき

コツメカワウソ
小　爪　獺 または 川 獺

指のつめが小さい

水中で獲物をかき出すのに都合がよい

古名は「かわおそ」
由来は諸説あり

とった魚を岸に並べる習性を、祭りでお供え物を供えるすがたに見立てた言葉が「獺祭」

他にも

ツメナシカワウソ
爪　無
ネコ目イタチ科

前足の指にはつめがない

ネコ目イタチ科
コツメカワウソ
Amblonyx cinereus

- 大きさ　体長45〜61cm、尾長25〜35cm
- 生息地　アジアの川や湿地
- 食べ物　エビなどの小動物

人気者 ほ乳類

由来 ゴマのようなまだら模様がある。ちなみに海豹は、ヒョウ柄の海の動物 ◆ 胡麻斑(ゴマフアザラシ)

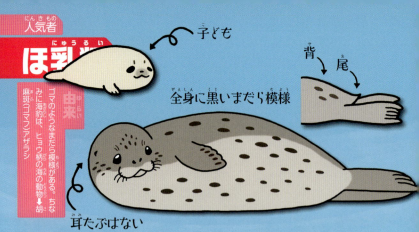

子ども

背 尾

全身に黒いまだら模様

耳たぶはない

ゴマフアザラシ
胡麻　斑　海豹

まだら模様を **コマ** に見立てた

ヒョウ柄の海の動物

まだらのなまえ

昆虫 ゴイシシジミ
碁石　蜆

シジミ貝に似てる

コショウダイ **魚**
胡椒　鯛

黒く小さな模様がこしょうの粒に似ているから

アザラシのなまえ

ゼニガタアザラシ
銭　形

昔のお金(銭)と、輪のような斑点模様が似ているから

DATA　ネコ目アザラシ科
ゴマフアザラシ
Phoca largha

- **大きさ**　全長最大1.8m
- **生息地**　オホーツク海などの北半球の海
- **食べ物**　魚やイカ、タコ

126

ゴマのつくなまえいろいろ

人気者

昆虫 ゴマダラカミキリ
胡麻／斑／髪切（天牛とも）

黒地に白ごま

昆虫 ゴマシオキシタバ
胡麻塩／黄／下翅（羽）

ごま？／塩？／下のはねが黄色

鳥 ゴマバラワシ
強い／腹に黒い点
胡麻／腹／鷲

魚 ゴマテングハギモドキ
胡麻／天狗／剥／擬き

テングハギのような角はない

テングハギ　テングハギモドキ

「ハギ」はニザダイ類のこと。
カワハギと同様、皮をむきやすいから

「〇〇ハギ」は2通り

ニザダイ科
ナンヨウハギ　シマハギ

カワハギ科
ウマヅラハギ　ソウシハギ

人気者 ほ乳類

由来: オーストラリア南部にすむ、鼻に毛がある。また、先住民がつけた名を変化させた南毛鼻ミナミケバナウォンバットに

- 巣穴を掘ってくらす
- あしが太くて強い
- お腹にある袋に子どもを入れて育てる有袋類

ミナミケバナウォンバット

南 | 毛 | 鼻 | Wombat

オーストラリア南部に生息 / 鼻に毛が生えている / オーストラリア先住民が使っていたよび名に由来

似たなまえ

フクロネコ目フクロアリクイ科
ナンバット（フクロアリクイ）
袋 / 蟻 / 喰 / 袋はもたない

他のウォンバット

カンガルー目ウォンバット科
キタケバナウォンバット
北 / とても少ない

カンガルー目ウォンバット科
ヒメウォンバット
姫 / 小さい

DATA

カンガルー目ウォンバット科
ミナミケバナウォンバット
Lasiorhinus latifrons

- 大きさ: 体長77～93cm
- 生息地: オーストラリア南部の森林や牧草地など（乾燥した場所）
- 食べ物: 植物の葉や木の根

人気者
ほ乳類

有袋類のなまえいろいろ

カンガルー目クスクス科
ブチクスクス
斑 Cuscus

クスクスはニューギニア先住民の言葉に由来

オス
まだら（フチ）模様
まだら模様はオスだけ
メス
指で枝をつかむ

クスクスのなまえ

スラウェシ島にすむ

クロクスクス
黒
カンガルー目クスクス科

黒いまだら（フチ）

カンガルー目クスクス科
クロフクスクス
黒 斑
ニューギニアにすむ。とても少ない

カンガルー目フクロミツスイ科
フクロミツスイ
袋 蜜 吸い
有袋類を示す
花の蜜や果汁だけを食べる

しかし、ただの「ミツスイ」というほ乳類はいない

体が小さいと体温維持にたくさんのエネルギーがいる

10cm未満の小さな体
高カロリー
花粉の運び屋

鳥にはいる
ミツスイ
スズメ目ミツスイ科

コラム

おなまえ物語③　和名あれこれ

標準和名は、日本国内でその生きものを示す標準語のようなものですが、その地方で古くから親しまれてきた地方名や、成体だけでなく幼体のすがたをよく表現したなまえも、数多く伝えられてきました。

ホントはいない見慣れた生きもの

アカトンボ（赤蜻蛉）
アカトンボというなまえのトンボはいません。ふつうはアキアカネやナツアカネなどアカネ属のトンボを指しますが、ショウジョウトンボなど体色が赤みを帯びるトンボを総称するという意見もあります。なお、赤くなるのは成熟したオスで、メスは目立つほど赤くはなりません。

カタツムリ（蝸牛）
陸にすむ巻き貝のなかまの総称で、語源には諸説ありますが、カタはらせん状に編んだ昔の笠から、ツムリはもともと小さな丸いものを指す「ツブ」「ツブリ」からきたもので、巻き貝のこととするのが有力です。学術的にはマイマイ類とよばれ「○○マイマイ」などの標準和名がついていますが、これは「巻き巻き」からきているという説があります。

個性豊かな地方名

標準語に対して方言があるように、標準和名に対して個性豊かな地方名をもつ生きものがいます。多くの地方名をもつ代表はメダカ。アサビジャッコ、ウキメ、ウギョコ、イサザッコ、アブラメなど、日本全国で5000を超えると言われています。なお、以前はメダカは1種でしたが、現在はミナミメダカとキタノメダカの2種に分類されています。それほど古くから日本で親しまれてきたメダカですが、現在は絶滅危惧種に指定されています。

なじみのエビの聞き慣れない和名

ブラックタイガー

標準和名はウシエビ(牛海老)で、体長が30cmを超えることもあるクルマエビ科の大型種であることから、この名がついたと言われています。はっきりした黒い帯状の模様からこの商品名がつきましたが、クロエビとよばれることもあります。

甘エビ

タラバエビ科のエビで、標準和名はホッコクアカエビ(北国赤海老)です。赤みを帯びた体と、日本では富山県以北で漁獲されることからこの名がありますが、強い甘みを強調する甘エビという商品名の方が、はるかに一般的です。

親とはちがうなまえをもつ昆虫

アリジゴク(蟻地獄)

ウスバカゲロウの幼虫。成虫はスマートな体形で空を飛びますが、幼虫は地上にすり鉢状の巣をつくって底に潜み、すべり落ちてくるアリを待ち受けておそいます。

ウドンゲ(優曇華)

クサカゲロウの卵。長い糸の先に産みつけられた卵がゆれるすがたを、仏教で3000年に一度だけ咲く優曇華の花に見立てて、吉兆を占ったと言われています。

テッポウムシ(鉄砲虫)

カミキリムシのなかまの幼虫。樹木の幹に産みつけられた卵からかえった幼虫は、木の内側を食べて成長すると外に出ます。そのあとが鉄砲玉が貫通したように見えることから名がつきました。

7

いったい何語!?
ヘンな語感のなまえ

日本語と外国語のミックスだったり、外国語っぽい響きだと思ったら日本語だったり……ヘンな語感の名前にも由来がある。

ヘンな語感 魚類

ドーム状の膜に包まれた目

由来 見た目がキスに似ている。死ぬとドーム状の膜がやぶれ、出っ張ったような目に→出目似鱚（デメニギス）となった

おちょぼ口

大きなひれ

デメニギス
出　目　似　鱚

死体で採集されるときは、ドーム状の膜がやぶれて目が出っ張って見える

ニギス目ニギス科
ニギス
キスに似ているからニギス

スズキ目キス科
シロギス 本家 キス科
白

出目の役割

深海に届くかすかな光　→　←小魚などの獲物
上向きの目で影をキャッチ

DATA　ニギス目デメニギス科
デメニギス
Macropinna microstoma

- 大きさ　体長12cm
- 生息地　外洋の深海
- 食べ物　動物プランクトン

ヘンな語感
魚類

目にまつわる魚のなまえ

一般的に
右カレイ
左ヒラメ

カレイ目カレイ科
メイタガレイ
目 痛 鰈

両目の間にとげがあり、触ると痛いことから

スズキ目トラギス科
ヨツメトラギス
四つ 目 虎 鱚

目のように見える大きな斑が2つあり、本物の目と合わせて目が4つあるように見える

スズキ目トラギス科
トラギス

トラのような縞をもつキスに似た魚

深海魚

アシロ目ソコオクメウオ科
ミスジオクメウオ
三 筋 奥 目 魚

筋状の模様

目が退化して埋没している

スズキ目キントキダイ科
チカメキントキ
近 目 金 時

目が大きく、口と近い
キントキダイのなかま
鯛

スズキ目キントキダイ科
キントキダイ

タイではない
赤いので坂田金時(金太郎)の衣装に見立てた

ヘンな語感
甲殻類

由来
なかまのシロピンノより体が大きい。「ピンノ」は、学名の一部である「Pinnotheres」に由来する

アサリ、ハマグリなど、生きた貝の中にすむ

オオシロピンノ
大　白　pinno

体の大きさから — ふつうの大きさ
十脚目カクレガニ科 **シロピンノ**

体が白いから
十脚目カクレガニ科 **クロピンノ**

属名Pinnotheresから
オオシロピンノは現在 アルコテレス属 に移動

十脚目カクレガニ科 **マルピンノ**
丸

十脚目カクレガニ科 **カギヅメピンノ**
鉤　爪

学名由来のかわいいなまえ

チロリ
吻をちろりと出すから、という説がある
サシバゴカイ目チロリ科

| DATA | 十脚目カクレガニ科 **オオシロピンノ** Arcotheres sinensis | ■ 大きさ 甲幅オス5mm、メス15mm
 ■ 生息地 日本・韓国・中国北部の海（砂や泥の干潟）
 ■ 食べ物 プランクトンなど |

イボイボの皮膚

ヘンな語感

両生類

由来: 黒目が十字のような形。危険を察すると、皮膚から毒を出す→十字目毒雨蛙（ジュウジメドクアマガエル）に

森林の樹上にすむ

ジュウジメドクアマガエル
十字 目 毒 雨 蛙

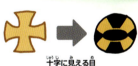

十字に見える目

危険を察すると乳液状の毒を皮膚から出すアマガエル

ミルクフロッグともよばれる

カエルの目

マルメタピオカガエル
丸目 tapioca
カエル目ユビナガガエル科

丸い

ネコメタピオカガエル
猫目 tapioca
カエル目ユビナガガエル科

縦

アマガエルとは
雨が降る前に鳴き始めることから

質感がタピオカに似ているから？

ニホンアマガエル
カエル目アマガエル科
日本

日本のアマガエルも皮膚の粘液に毒をもつので、
触ったら手を洗うこと

カエル目アマガエル科
ジュウジメドクアマガエル
Phrynohyas resinifictrix

- 大きさ　体長8cm
- 生息地　南アメリカの森林
- 食べ物　昆虫、節足動物

137

ヘンな語感
甲殻類

由来: ハサミにトラのような模様がある。形がココナッツの殻のようなので「カラッパ」（マレー語でココナッツがついた）

トラフカラッパ
虎　斑　Calappa

ハサミにトラのような模様があることから

カラッパは属名から

 → →
マレー語でココナッツを指す kelapa
丸い殻に似ている

トラフななまえ

トラフザメ
テンジクザメ目トラフザメ科

ミミズク
フクロウ目フクロウ科
トラフズク
木菟

カラッパのなかま

メガネカラッパ
眼鏡　十脚目カラッパ科

十脚目カラッパ科
マルソデカラッパ
丸袖

十脚目カラッパ科
コブカラッパ
瘤

 DATA

十脚目カラッパ科
トラフカラッパ
Calappa lophos

- **大きさ**: 甲幅13cm
- **生息地**: 日本（東京湾以南）・オーストラリア・インドなどの海底（砂底）
- **食べ物**: 貝、ヤドカリ

ヘンな語感
甲殻類

由来 えらが丸い。海藻といっしょに水揚げされた後、乾いて殻が割れることが多い。→丸鰓割殻（マルエラワレカラ）に

卵をかかえてかえす

浅い海の藻場で海藻につかまってくらす

マルエラワレカラ

丸　鰓　割　殻

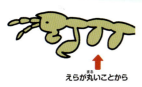

えらが丸いことから

海藻といっしょに水揚げ（藻塩の材料など）→乾く→乾燥してカラカラ…→殻が割れる

ワレカラのなかま

端脚目ワレカラ科
クビナガワレカラ
首　長
細長い

端脚目ワレカラ科
トゲワレカラ
棘

端脚目ワレカラ科
オオワレカラ
大　大型種

端脚目ワレカラ科
スベスベワレカラ
滑々

 端脚目ワレカラ科
マルエラワレカラ
Caprella penantis

- **大きさ**　体長1.3cm
- **生息地**　日本をはじめ、世界中の浅い海（熱帯・亜熱帯・温帯）
- **食べ物**　藻類、微生物の死がいなど

ヘンな語感 棘皮動物

沖合いに生息。枝分かれしたうでがつるや藻のようにからまる様子から、沖の手蔓藻蔓(オキノテヅルモヅル)に

うでがクルクルモジャモジャ

オキノテヅルモヅル
沖 の 手 蔓 藻 蔓

沖合いの深海にすむ

うでが枝分かれして、つるや藻のようにからまる様子から

うででプランクトンなどをとらえる

もつれるからも「縺(もづる)」とも

カワクモヒトデ目テヅルモヅル科
セノテヅルモヅル
瀬の
磯でも見られる

テヅルモヅルはクモヒトデのなかま

ヒトデとは別のなかま

クモヒトデ目クモヒトデ科
ニホンクモヒトデ
日本 蜘蛛 海星
クモのように長いうで

DATA | カワクモヒトデ目テヅルモヅル科 **オキノテヅルモヅル** *Gorgonocephalus eucnemis*

- **大きさ** 盤径3〜5cm、うでの長さ20cm
- **生息地** 北極海〜北大西洋・北太平洋の泥底・砂底など
- **食べ物** オキアミ、動物プランクトンなど

ヘンな語感
クモ類

ドイツ人医師の名をとり「デーニッツ」がついた。また、皿状の網を張るという性質も。体が小さい

コデーニッツサラグモ

- 小
- Dönitz (Doenitz)
- 皿
- 蜘蛛

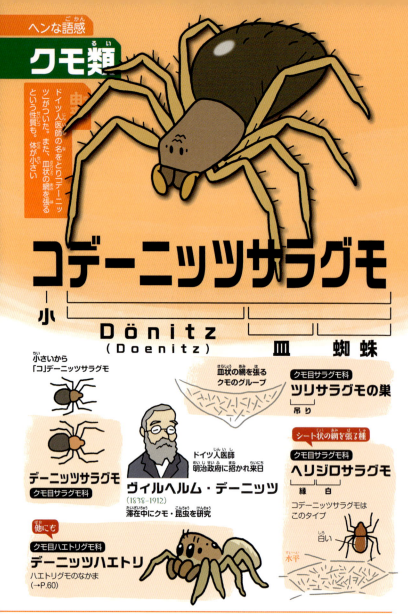

小さいから
「コ」デーニッツサラグモ

デーニッツサラグモ
クモ目サラグモ科

皿状の網を張るクモのグループ

クモ目サラグモ科
ツリサラグモの巣
吊り

ドイツ人医師
明治政府に招かれ来日
ヴィルヘルム・デーニッツ
(1838-1912)
滞在中にクモ・昆虫を研究

シート状の網を張る種
クモ目サラグモ科
ヘリジロサラグモ
縁　白

コデーニッツサラグモはこのタイプ

白い
水平

他にも
クモ目ハエトリグモ科
デーニッツハエトリ
ハエトリグモのなかま
(→P.60)

DATA
クモ目サラグモ科
コデーニッツサラグモ
Doenitzius pruvus

■ 大きさ　体長2mm
■ 生息地　本州・四国の平地～山地

142

ヘンな語感

昆虫

春先に花の蜜を吸う

目が大きい

オス

メス

由来 | 光沢のある毛が、織物のビロードを思わせる。花から吊り下がるように蜜を吸う→ビロード吊り虹(ツリアブ)に

ビロウドツリアブ

ビロード — 吊り — 虹

ポルトガル語の veludo が語源

光沢のある毛が密に生えている → ベルベットともいう織物に見立てた

長い口器

ホバリングしながら蜜を吸うすがたが宙吊りのように見える

ビロウドとつく虫

コウチュウ目カミキリムシ科
ビロウドカミキリ
髪切

カメムシ目サシガメ科
ビロウドサシガメ
刺 亀
刺すカメムシ
黒くてつやつや

ツリアブのなかま

ハエ目ツリアブ科
トラツリアブ
虎
日本ではとても数が少ない
縞模様

ハエ目ツリアブ科
ビロウドツリアブ
Bombylius major

- 大きさ　体長7〜11mm
- 生息地　北海道〜九州の林（日当たりのよいところ）
- 食べ物　花の蜜や花粉

ヘンな語感

昆虫

由来 幼虫がアリの巣に侵入し、アリの幼虫やさなぎを食べる➡蟻巣虻（アリスアブ）となった

成虫は春から初夏にかけて出現

アリスアブ
蟻　巣　虻

アリ
Aliceじゃない!!

幼虫はアリの巣に侵入し、かべに張りついてアリの幼虫やさなぎを食べて育つ

さなぎ

アリスアブいろいろ

ハエ目ハナアブ科
キンアリスアブ
金

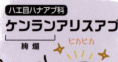

ハエ目ハナアブ科
ケンランアリスアブ
絢爛　ピカピカ

ハエ目ハナアブ科
ウスユキアリスアブ
薄雪　白い

ハエ目ハナアブ科
アリスアブ
Microdon japonicus

- 大きさ　体長1.2〜1.4cm
- 生息地　北海道・本州・四国の山地
- 食べ物　幼虫はアリの幼虫やさなぎ、成虫は食べない

昆虫

ヘンな語感

アリとくらす虫のなまえ

チョウ目シジミチョウ科

クロシジミ
- 黒 | 蜆
- 成長した幼虫はアリによって巣に運ばれ、世話をされる
- **幼虫**: アリの好きな甘い汁を出す
- **成虫**: 黒い
- 貝のシジミに似た小さなチョウ

コウチュウ目ハネカクシ科

ヒメヒラタアリヤドリ
- 姫 | 平田 | 蟻 | 宿り
- 小さくて平たい、アリに寄生するハネカクシ。行列に交じって、餌をつまみ食い

チョウ目ヒロズコガ科

マダラマルバヒロズコガ
- 斑 | 丸 | 翅 | 広 | 頭 | 小 | 蛾
- まだら / 広い / 丸い
- 小型のガ。幼虫は自分でつくったすみかに入り、アリの巣の穴周辺でおこぼれを食べる

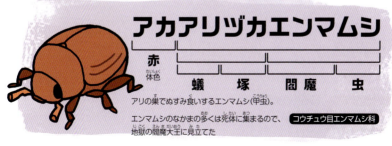

アカアリヅカエンマムシ
- 赤（体色）| 蟻 | 塚 | 閻魔 | 虫
- アリの巣でぬすみ食いするエンマムシ（甲虫）。エンマムシのなかまの多くは死体に集まるので、地獄の閻魔大王に見立てた
- **コウチュウ目エンマムシ科**

鳥類

ヘンな語感

由来　顔が黒い。また、眉を描いたような模様がある→顔黒画眉鳥（＝カオグロガビチョウ）となった

声が大きい

関東地方などに定着

カオグロガビチョウ
顔　黒　画眉　鳥

顔が黒い

眉を描いたような模様のある鳥

スズメ目チメドリ科　ガビチョウ
眉みたいな模様

スズメ目チメドリ科　カオジロガビチョウ
顔　白

スズメ目チメドリ科　ヒゲガビチョウ
髭

スズメ目ヒタキ科　オガサワラガビチョウ（絶滅）
小笠原
は別のグループ

カオグロガビチョウ、カオジロガビチョウ、ヒゲガビチョウ、ガビチョウはともに特定外来生物に指定されている

DATA
スズメ目チメドリ科
カオグロガビチョウ
Garrulax perspicillatus

- **大きさ**　全長30〜40cm
- **生息地**　中国・ベトナムの低い山地や林など（日本でも確認されている）
- **食べ物**　果実、昆虫

ヘンな語感
鳥類

日本ではおもに春と秋に見られる

昆虫や植物の実などを食べる雑食

由来
体が茶色く、眉のような模様があるツグミ。眉は「まみ」ともいい、ツグミの古名はシナイ→マミチャジナイ

マミチャジナイ
眉　茶　鶫

眉のような模様

鳥の目の上の斑を眉に見立てて眉斑とよぶ
「まみ」は眉の古い言い方。
マミチャジナイの眉は白い

体の色が茶色いシナイ。
シナイはツグミの古名

スズメ目ツグミ科
ツグミ

「マミジロチャジナイ」が縮まってマミチャジナイになった

眉についてのなまえ

スズメ目ツグミ科
マミジロ
眉　白　ズバリ
ツグミのなかま

スズメ目ホオジロ科
キマユホオジロ
黄　眉　頰　白
ホオジロのなかま

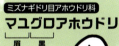

ミズナギドリ目アホウドリ科
マユグロアホウドリ
眉　黒
アホウドリのなかま

DATA
スズメ目ツグミ科
マミチャジナイ
Turdus obscurus

- 大きさ　全長21〜22cm
- 生息地　シベリア南部・中国・東南アジアの森林(日本では旅鳥)
- 食べ物　昆虫、植物の実

147

ヘンな語感
鳥

由来
野を擦るように飛び、獲物をとらえるからノスリがついた。あしに毛があるノスリ➡毛足篇（ケアシノスリに）

日本では割と珍しい冬鳥

ケアシノスリ
毛　足　鵟

あしが毛でおおわれている

ノスリのあしには毛がない

タカ目タカ科
ノスリ
ふつうに見られるタカのなかま

上空から
野を擦るように低く飛び
おもにネズミなどをとらえることから「のすり」

| DATA | タカ目タカ科 **ケアシノスリ** Buteo lagopus | ■ 大きさ 全長46〜60cm
■ 生息地 ユーラシア大陸・北アメリカ大陸の寒帯で繁殖、冬季は亜寒帯〜温帯に渡る
■ 食べ物 ネズミなどの小型ほ乳類、小型鳥類 |

ヘンな語感

ノスリのなまえいろいろ
鳥類

ノスリ属 タカ目タカ科ノスリ属

アカオノスリ
赤 尾

北米に分布

中南米に分布

ミジカオノスリ
短 尾

←そんなに短い?

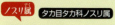

ヨゲンノスリ
預 言

色合いが似ている?

種小名、英名のAugur(占い師、預言者)から。アフリカに分布

別の属 タカ目タカ科モモアカノスリ属

モモアカノスリ
腿 赤

別名の「ハリスホーク」が有名
北米から南米に分布

タカ目タカ科カニクイノスリ属

カニクイノスリ
蟹 食い

熱帯のマングローブ林などにすみ、カニなどを食べる(多分、他の動物も食べる)
南米に分布

149

ヘンな語感

鳥類

由来
胸の部分の色がライラックのようブッポウソウという鳥のなかまで西の方にすむ➡ライラックニシブッポウソウに

昆虫食

ライラックニシブッポウソウ

Lilac ／ 西 ／ 仏法僧

ライラックの花（フランス語ではリラ）

胸の部分の色が似ている

西洋にすむブッポウソウ
（ただし、アジアにも分布）

全身青

ブッポウソウ目ブッポウソウ科
ニシブッポウソウ

ブッポウソウはアジアからオーストラリアで繁殖、日本では夏鳥

ブッポウソウ目ブッポウソウ科
ブッポウソウ

ブッポウソウのなまえの由来

昔　ブッポーソー　「仏法僧」と聞こえる？　正体はあの鳥か！

ブッポウソウとなまえがつく

しかし、本当の声のぬしは

コノハズク
木の葉　木兎

木の葉のように小さいミミズク

ライラックニシブッポウソウ
Coracias caudata
ブッポウソウ目ブッポウソウ科

- 大きさ　全長36〜38cm
- 生息地　アフリカの草原
- 食べ物　昆虫、カエル、ヘビなど

150

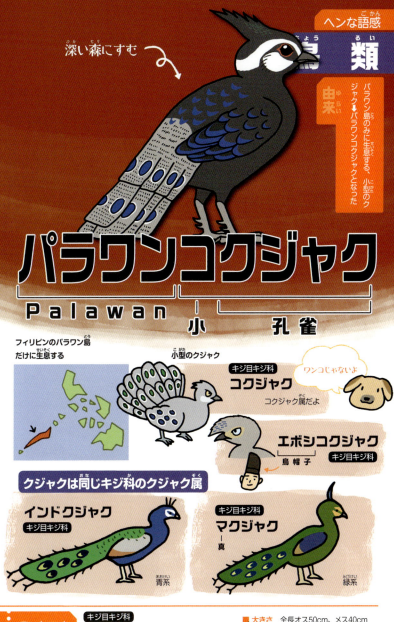

パラワンコクジャク
Palawan 小 孔雀

ヘンな語感 鳥類

由来1 パラワン島のみに生息する、小型のクジャク → パラワンコクジャクとなった

深い森にすむ

フィリピンのパラワン島だけに生息する

小型のクジャク

キジ目キジ科 **コクジャク** コクジャク属だよ

ワンコじゃないよ

エボシコクジャク キジ目キジ科 烏帽子

クジャクは同じキジ科のクジャク属

インドクジャク キジ目キジ科 青系

キジ目キジ科 **マクジャク** 真 緑系

DATA キジ目キジ科 **パラワンコクジャク** Polyplectron emphanum

- 大きさ 全長オス50cm、メス40cm
- 生息地 パラワン島の深い森
- 食べ物 草や木の実・葉・根、昆虫など

ヘンな語感
両生類

美しい緑色 / 平野の水田や湿地などにすむ / 泡に包まれた卵 / 土を掘って産む

由来 ドイツ人動物学者の名をとり「シュレーゲル」がついた。アオガエルのグループに属す➡シュレーゲルアオガエルに

シュレーゲルアオガエル
Schlegel 青 蛙

ドイツ人動物学者
ヘルマン・シュレーゲル にちなむ
(1804-1884)
シーボルトらが持ち帰った
標本をもとに日本の動物を研究した

アオガエル科のグループ

似た種

カエル目アオガエル科
モリアオガエル
森
低地から山地の森林にすむ。
泡に包まれた卵を木の枝に
ぶら下げる

	カエル目アオガエル科 **シュレーゲルアオガエル** *Rhacophorus schlegelii*	■ 大きさ	体長3〜6cm
		■ 生息地	本州・四国・九州・五島列島の 平野〜山地の水田など
		■ 食べ物	昆虫、節足動物

152

ヘンな語感

外国の人名がついた日本の動物

鳥　スズメ目シジュウカラ科
オーストンヤマガラ
Owston　山雀

八丈島、三宅島の固有亜種

アラン・オーストン
（イギリス、1853-1915）
貿易商として来日、生物を収集

スズメ目シジュウカラ科
ヤマガラ　本州にもすんでいる亜種

昆虫　コウチュウ目クワガタムシ科
ルイスツノヒョウタンクワガタ
Lewis　角　瓢箪　鍬形

←角

ジョージ・ルイス
（イギリス、1839-1926）
商人として来日、多くの昆虫を採集

ヒョウタン
形が似ている

クワガタムシ
コウチュウ目クワガタムシ科
ヒョウタンクワガタ

ほ乳類　ゾウ目ゾウ科
ナウマンゾウ（絶滅）
Naumann　象

ハインリッヒ・エドムント・ナウマン
（ドイツ、1854-1927）
地質学者
帝国大学教授として来日

ほ乳類　ネズミ目ネズミ科
スミスネズミ
Smith　鼠

リチャード・ゴードン・スミス
（イギリス、1858-1918）
旅行者、博物学者として世界各地を訪れ、日本で客死

墓は神戸にある

コラム

おなまえ物語④ 植物のなまえ

複雑な地形と四季をもつ日本列島は、植物の宝庫でもあります。人々は豊かな感性と想像力をめぐらせ、植物になまえを与えて親しんできました。日本の植物分類学の父とされる牧野富太郎は、生涯を通して日本の植物を採取・研究しました。命名した植物名は1500種を超え、1940年に刊行された「牧野日本植物図鑑」は、今でも人々に読み継がれています。

かわいさを込めたなまえ

小さなすがたを、ストレートな「小」ではなく「ヒナ(雛)」や「ヒメ(姫)」と愛らしいなまえで表した植物は、ヒナギキョウ(雛桔梗)、ヒナスミレ(雛菫)、ヒメユリ(姫百合)などいくつもあります。また、スズメノテッポウ(雀の鉄砲)、スズメノカタビラ(雀の帷子)なども、小ささをスズメサイズに例えたなまえです。

不本意ななまえ

つけられた側にとっては、甚だ不本意であろうなまえの植物もあります。例えば、葉や茎をもむと独特のにおいを発するからヘクソカズラ(屁糞葛)、輸入品の詰め物に使われたという理由でツメクサ(詰め草)、ゴミ捨て場(掃き溜め)でよく見られるハキダメギク(掃き溜め菊)など。「イヌノフグリ(犬陰嚢)」に至っては、大きさが2mmほどの種子の形が、よりによって犬の陰嚢にそっくりだと言われて名づけられました。

物騒ななまえ

植物自体には罪はないのに、物騒ななまえを与えられた植物もいます。ママコノシリヌグイ（継子の尻拭い）は、鋭いとげをもつ葉と茎で継子（義理の子）の尻をぬぐう草という、とんでもないなまえをつけられました。ナス科のワルナスビ（悪茄子）は、同じナスでもとげと強い繁殖力がきらわれて、このなまえがあります。キランソウ（金瘡小草）は、ジゴクノカマノフタ（地獄の釜の蓋）という別名で知られています。キランソウは非常に薬効が高いため、死人が減るので地獄の釜にふたをする、という意味と、地面にふたをするように低く広がることから、という説があります。

動物名を取り入れたなまえ

植物名には、動物名を取り入れたものもあります。食用、薬用など人の役に立つ植物と似ているけれど、役に立たないと評価された植物によく使われるのは「イヌ」です。例えばイヌタデ（犬蓼）、イヌゴマ（犬胡麻）、イヌヨモギ（犬蓬）など。ネコはイヌほど低評価ではなく、ネコヤナギ（猫柳）、ネコノメソウ（猫の目草）など植物のすがたをネコに例えるなまえが目立ちます。他にはウシ、キツネなどいろいろな動物が植物名に使われていますが、リュウノヒゲ（竜の髭）など想像上の動物も登場しています。

さくいん

あ行

アオアズマヤドリ	80
アオゴミムシ	40
アオバアリガタハネカクシ	70
アカアリツカエンマムシ	145
アカイエカ	13
アカエリマキキツネザル	62
アカオカマハシハチドリ	121
アカオノスリ	149
アカガシラソリハシセイタカシギ	78
アカゲザル	89
アカシュモクザメ	106
アカスジキンカメムシ	67
アカトマトガエル	98
アカトンボ	130
アカボウクジラ	115
アカユミハシオニキバシリ	69
アカワラルー	104
アケビコノハ	43
アシナガタルマワシ	16
アッキガイ	35
アトコブゴミムシダマシ	59
アブラヨタカ	95
アフリカウシガエル	83
アフリカツメガエル	89
アフリカツリスガラ	23
アホウドリ	36
甘エビ	131
アマツバメ	79
アミメトマトガエル	98
アメフラシ	24
アメンボ	66
アリグモ	60
アリジゴク	131
アリスアブ	144
アリノタカラ	18
アルバトロス	37
アンコウ	52
アンデスソリハシセイタカシギ	78
イソアワモチ	99
イチゴヤドクガエル	98
イツツバアリ	18
イドミミズハゼ	15
イヌザメ	61
イロカエルアンコウ	52
イロワケイルカ	113
インドクジャク	151
ウオクイコウモリ	101
ウシガエル	83
ウスキアリスアブ	144
ウッカリカサゴ	46
ウドンゲ	25、131
ウマヅラコウモリ	101
ウマヅラハギ	127
ウミゾウメン	25
エグリゴミムシダマシ	59
エサキモンキツノカメムシ	8、66
エゾアリガタハネカクシ	70
エダナナフシ	42
エナガ	122
エボシコクジャク	151
エラブウミヘビ	53
エンマコオロギ	35
オウギハクジラ	115
オオガマグチヨタカ	95
オオレカラ	139
オオグソクムシ	117
オオコビトキツネザル	63
オオシロヒシノ	136
オオスズメバチ	56
オーストンヤマガラ	153
オオセンチコガネ	15
オオタルマワシ	16
オオトリノフンダマシ	38
オオブウシドリ	81
オオヒメグモ	57
オオユミシゴミムシダマシ	40
オガサワラガビチョウ	146
オカメインコ	118
オカモトトゲエダシャク	38
オキノタユウ	37
オキノツルモツル	140
オジロアシナガゾウムシ	38
オナガサイホウチョウ	81
オニタマオヤモリ	97
オヒキコウモリ	101
オビトカゲモドキ	116
オヒョウ	85
オランウータン	88

か行

カイカムリ	17
カイロウドウケツ	19
カエルアンコウ	52
カオグロガビチョウ	146
カオジロガビチョウ	146
カギツメピンノ	136
カグラコウモリ	100
カクレクマノミ	110
カサゴ	46
ガザミ	14
カタツムリ	130
カダヤシ	12
カニクイノスリ	149
カニハサミイソギンチャク	19
ガビチョウ	146
カマイルカ	113
カマドウマ	15
カムルチー	41
カメガイ	119
カメムシ	67
カヤキリ	45
カワテブクロ	141
カンガルー	104
カンムリアマツバメ	79
キアシアリガタバチ	74
キイロショウジョウバエ	88
キイロテントウゴミムシダマシ	59
キクガシラコウモリ	100
ギザミネヘビクビガメ	82
キタキツネ	123
キタケバナウォンバット	128
キタノメダカ	12、123
キタマクラ	35
キヌザル	63
キノカワガ	43
キバシリ	69
キバラアフリカツリスガラ	23
キマユホオジロ	147
キリギリス	44
キンアリスアブ	144
キングヒメオオトカゲ	57
キンクロハジロ	92
キンチャクガニ	19

キントキダイ	135
クサカゲロウ	25、131
クサキリ	45
クツワムシ	68
クビキリギス	44
クビナガワレカラ	139
クビワキンクロ	92
クラカオスズメダイ	77
クロクスクス	129
クロサビイロハネカクシ	70
クロシジミ	145
クロショウジョウバエ	88
クロシロエリマキキツネザル	62
クロツラヘラサギ	103
クロテントウゴミムシダマシ	59
クロピノノ	136
クロフクスクス	129
クロヘリアメフラシ	24
クロホシテントウゴミムシダマシ	58、59
クロモンサシガメ	67
ケアシノスリ	148
ケープダナネズミ	32
ケナガワラルー	104
ケブカガニ	54
ケンランアリスアブ	144
ゴイシシジミ	126
コウノトリ	120
コガシラネズミイルカ	113
コキクガシラコウモリ	100
コクジャク	151
ココノホシテントウ	91
ゴシキセイガイインコ	118
コショウダイ	126
コシラヒゲカンムリアマツバメ	79
コツメカワウソ	125
コデーニッツサラグモ	142
コノハズク	93、150
コバシチドリ	121
コブカラッパ	138
ゴマシオキジタバ	127
ゴマダラカミキリ	127
ゴマテングハギモドキ	127
ゴマバラワシ	127
ゴマフアザラシ	126
コミミズク	85、93
コモチカナヘビ	27
コモチサヨリ	27
コモチヒキガエル	27
コモリガエル	27
コモリグモ	27
コヤマトヒゲブトアリヅカムシ	72
コロギス	45

さ行

ササキリ	45
ザトウクジラ	115
サトクダマキモドキ	68
サビイロタチヨタカ	94
サビイロネコ	29
サビトマトガエル	98
サメハダホウズキイカ	96
サルパ	16
サンコウチョウ	20
サンショウクイ	26
サンショクキムネオオハシ	121
シズクアリノタカラ	18
シチメンチョウ	20
シマアオジ	122
シマエナガ	122
シマハギ	127
シマフクロウ	122
シャカイハタオリ	22
ジャノメアメフラシ	24
ジュウホシテントウ	91
ジュウサンホシテントウ	91
ジュウジメドクアマガエル	137
ジュウサンセンジリス	90
ジュウニセンフウチョウ	90
ジュウニマダラテントウ	91
ジュウロクホシテントウ	91
シュモクドリ	106
シュモクバエ	106
シュレーゲルアオガエル	152
ショウジョウトキ	88
ショウジョウトンボ	88
シラヒゲカンムリアマツバメ	79
シロオビトリノフンダマシ	38
シロギス	134
シロジュウシホシテントウ	91
シロシュモクザメ	106
シロナガスクジラ	114
シロピンノ	136
シロヘラコウモリ	101
ジンサンシバンムシ	75
信天翁（しんてんおう）	37
スカシカギバ	38
スカシカシパン	76
スズガモ	92
スズメバチネジレバネ	56
スナオオトカゲ	33
スナチャワン	25
スナドリネコ	29
スナネコ	33
スナネズミ	33
スナメリ	112、113
スナヤツメ	33
スベスベカスベ	54
スベスベヘブカガニ	54
スベスベタマオヤモリ	97
スベスベマンジュウガニ	54、99
スベスベワレカラ	139
スミスネズミ	153
ズワイガニ	14
セアカカマドドリ	81
セイタカシギ	78
セキセイインコ	118
セジロクマノミ	111
ゼニガタアザラシ	126
セノテツモツル	140
セミクジラ	115
センジュナマコ	141
ソウシハギ	127
ソメンヤドカリ	17
ソリハシセイタカシギ	78

157

さくいん

た行

ダイオウグソクムシ	117
ダイオウホウズキイカ	96
タイワンドジョウ	41
タガメ	66
タコノマクラ	76
タチウオ	117
タツノイトコ	105
タツノオトシゴ	105
タツノハトコ	105
タバコシバンムシ	75
タラバガニ	14
タンソクタルマワシ	16
チカイエカ	13
チカメキントキ	135
チベットスナギツネ	33
チャイロホウキボシ	141
チョウチンアンコウ	52
チロリ	136
ツキノワグマ	102
ツキノワテリムク	102
ツグミ	147
ツチクジラ	112
ツノアオカメムシ	67
ツノカメムシ	8,67
ツノメドリ	123
ツバメ	79
ツメナシカワウソ	125
ツリサラグモ	142
ツリスガラ	23
デーニッツサラグモ	142
デーニッツハエトリ	142
テッポウムシ	131
デブスナネズミ	33
デメニギス	134
テングハギ	127
テングハギモドキ	127
テンシノツバサガイ	107
テントウゴミムシダマシ	59
テントウムシ	90
トウアクマノミ	111
トウキョウサンショウウオ	73
トウキョウダルマガエル	73
トウキョウトガリネズミ	73
ドウケツエビ	19
トウブキツネリス	123
トガリネズミ	73
トゲワレカラ	139
ドブネズミ	89
トホシテントウ	91
トラギス	135
トラツリアブ	143
トラフカラッパ	138
トラフザメ	138
トラフズク	138
トリノフンダマシ	38

な行

ナウマンゾウ	153
ナガスクジラ	114
ナガメ	67
ナギナタナマズ	117
ナナフシモドキ	42
ナナホシテントウ	91
ナメクジマ	102
ナミウズムシ	89
ナミチスイコウモリ	35
ナメハダタマオヤモリ	97
ナンバット	128
ナンベイウシガエル	83
ナンヨウハギ	127
ニギス	134
ニシイワツバメ	123
ニシキマゲクビガメ	82
ニジゴミムシダマシ	59
ニシツメドリ	123
ニシブッポウソウ	150
ニジュウヤホシテントウ	90
ニシローランドゴリラ	123
ニセクラカオスズメダイ	77
ニセクロホシテントウゴミムシダマシ	58,59
ニホンアマガエル	137
ニホンイモリ	97
ニホンウサギコウモリ	101
ニホンカナヘビ	27
ニホンクモヒトデ	140
ニホントビナナフシ	42
ニホンモモンガ	41
ニホンヤモリ	97
ニンニクガエル	98
ネコザメ	61
ネコハエトリ	60
ネコマネドリ	61
ネコメタピオカガエル	137
ネザーランドドワーフ	63
ノスリ	148
ノブオオオアオコメツキ	71

は行

ハイイロタチヨタカ	94
ハエトリグモ	60
ハシナガイルカ	113
ハシビロコウ	120
ハシブトガラス	121
ハシボソガラス	121
ハシマガリチドリ	121
ハスノハカシパン	76
ハダカカメガイ	119
ハダカデバネズミ	32
ハタケノウマオイ	15
ハタゴイソギンチャク	111
ハツカネズミ	89
ハナサキガニ	14
ハナビラウオ	17
ハナビラクマノミ	111
ハマクマノミ	111
ハムシ	39
バラルリツツハムシ	39
バラワンコクジャク	151
ハリオアマツバメ	79
ハルクイン	118
パンケーキリクガメ	99
ハンドウイルカ	112
ヒガシキリギリス	123
ピグミーシロナガスクジラ	114
ピグミーネズミキツネザル	63
ピグミーマーモセット	63
ヒゲガビチョウ	146
ヒゲソリダイ	55
ヒゲダイ	55

ヒトスジシマカ	13
ヒバカリ	34
ヒミズ	28
ヒメウォンバット	128
ヒメウロコオリス	55
ヒメオオクワガタ	57
ヒメギス	45
ヒメヒミズ	28
ヒメヒラタアリヤドリ	145
ヒメマルカツオブシムシ	74
ヒャッポダ	34
ヒョウタンクワガタ	153
ヒョウモントカゲモドキ	116
ヒョウモンモドキ	116
ビロウドカミキリ	143
ビロウドサシガメ	143
ビロウドツリアブ	143
ヒロハシサギ	121
プアーウィルヨタカ	95
フクロアリクイ	128
フクロミツスイ	129
フクロモモンガ	41
フクロモモンガダマシ	41
フタイロネコメガエル	61
フタモンクロテントウ	91
プチクスクス	129
ブッポウソウ	150
ブラックタイガー	131
プラナリア	89
フルホンシバンムシ	75
ブンブクチャガマ	141
ペガサスノツバサ	107
ヘビクイワシ	21
ヘラサギ	103
ヘラジカ	103
ヘラシギ	103
ヘラチョウザメ	103
ヘリジロサラグモ	142
ホシハジロ	92
ホタルイカ	47
ホタルイカモドキ	47
ホトトギス	85

ま行

マイルカ	112
マウス	89
マガイナンベイウシガエル	83
マクジャク	151
マクナシウロコオリス	55
マダイ	77
マダラマルハヒロズコガ	145
マッコウクジラ	112
マミジロ	147
マミジロハエトリ	60
マミチャジナイ	147
マメルリハ	118
マユグロアホウドリ	147
マルエラワレカラ	139
マルカメムシ	67
マルソデカラッパ	138
マルピンロ	136
マルメタピオカガエル	137
マレーヒヨケザル	21
ミジカオノスリ	149
ミジンウキマイマイ	119
ミスジオメウオ	135
ミズタマショウジョウバエ	88
ミズラモグラ	28
ミツスイ	129
ミツツノコノハガエル	43
ミツヅノコミムシダマシ	40、58
ミツバアリ	18
ミナミケバナウォンバット	128
ミナミゾウアザラシ	123
ミナミハフグ	123
ミナミホタテウミヘビ	53
ミナミメダカ	12
ミミズク	93
ミルクイガイ	26
ムササビ	55
ムシクソハムシ	39
ムツボシテントウ	91
ムモンチャイロテントウ	91
メイタガレイ	135
メガネカラッパ	138
メガネグマ	102
メンガタハタオリ	22
モモアカノスリ	149
モリアオガエル	152
モンガラドオシ	53
モンキツノカメムシ	8、67
モンキヨコクビガメ	82

や行

ヤイロチョウ	20
ヤブキリ	45
ヤブツカツクリ	81
ヤマガラ	153
ヤマクダマキモドキ	68
ヤマトシミ	75
ヤマトヒゲブトアリツカムシ	72
ヤリマンボウ	117
ヤンバルクロギリス	45
ユミハシオニキバシリ	69
ヨウスコウカワイルカ	113
ヨゲンノスリ	149
ヨシゴイ	43
ヨタカ	94
ヨツアナカシパン	76
ヨツボシゴミムシダマシ	59
ヨツボシテントウ	91
ヨツボシナガツツハムシ	39
ヨツメトラギス	135
ヨツモンオオアオコメツキ	71

ら・わ行

ライギョ	41
ライギョダマシ	41
ライラックニシブッポウソウ	150
ラケットヨタカ	95
ラット	89
ルイスツノヒョウタンクワガタ	153
ルチノー	118
ワオキツネザル	124
ワオマングース	124
ワタリガニ	14
ワラビー	104
ワラルー	104

わけあってこの名前
~いきもの名前語源辞典~

2019年7月26日　初版第1刷発行

著者
いずもり・よう　著
アマナ/ネイチャー&サイエンス　編

編集
室橋織江 [アマナ/ネイチャー&サイエンス]

編集協力
栗栖美樹、菅原千聖、緒方佳子

指導協力
柴田佳秀

デザイン
鈴木えみり、土井敦史 [天華堂 noNPolicy]

発行人
後藤明信

編集人
藤岡啓

発行所
株式会社竹書房
〒102-0072 東京都千代田区飯田橋2-7-3
TEL
03-3264-1576（代表）
03-3234-6301（編集）

竹書房ホームページ
http://www.takeshobo.co.jp

印刷・製本
株式会社シナノ

落丁・乱丁の場合は当社までお問いあわせ下さい。
本書のコピー、スキャン、デジタル化などの無断複製は、
著作権法上の例外を除き、法律で禁じられています。
定価はカバーに表示してあります。
ISBN 978-4-8019-1948-8 C0093
© Takeshobo 2019 printed in japan